北京理工大学"双一流"建设精品出版工程

Physical Chemistry Notes

物理化学笔记

热力学定律及基本关系式篇

白 杨 ◎ 编著

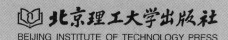

北京理工大学出版社

BEIJING INSTITUTE OF TECHNOLOGY PRESS

图书在版编目（CIP）数据

物理化学笔记／白杨编著． --北京：北京理工大
学出版社，2021.9
ISBN 978 - 7 - 5763 - 0329 - 2

Ⅰ．①物… Ⅱ．①白… Ⅲ．①物理化学 Ⅳ．①O64

中国版本图书馆 CIP 数据核字（2021）第 186618 号

出版发行／北京理工大学出版社有限责任公司

社　　址／北京市海淀区中关村南大街 5 号
邮　　编／100081
电　　话／（010）68914775（总编室）
　　　　　（010）82562903（教材售后服务热线）
　　　　　（010）68944723（其他图书服务热线）
网　　址／http://www.bitpress.com.cn
经　　销／全国各地新华书店
印　　刷／三河市华骏印务包装有限公司
开　　本／787 毫米 × 1092 毫米　1/16
印　　张／9.75
字　　数／186 千字
版　　次／2021 年 9 月第 1 版　2021 年 9 月第 1 次印刷
定　　价／46.00 元

责任编辑／多海鹏
文案编辑／吴静怡
责任校对／刘亚男
责任印制／李志强

从本书的书名可知，这并不是一本传统意义上的物理化学教材，所以从广度上来说，其覆盖度可能不够广泛；从深度上来说，也可能有所不及。既然名为"笔记"，那么其实它就是一本笔记，记载了一些物理化学课堂上的难点和重点，以及有趣的细节。

因为物理化学涉及较多的数学、物理方面的内容，为了方便查找，相关知识在脚注中可以找到。对于一些比较常见的图表和实验数据，因为它们很容易从其他教材中得到，所以本书将不再特别给出。

20多年前，当我坐在物理化学课堂上边听课边记笔记的时候，是不会想到有一天连"记笔记"也会变成一种稀缺技能的。我现在所接触的大多数同学，已经不能适应上课还要记笔记的过程。他们依赖于老师给的PPT，从而省去了课堂记录的过程。

还是20多年前，我刚进入大学，系主任对新生进行专业教育，他说："我们培养的是工程师而不是科学家，所以我们采取适合工程师的培养方式。"我上第一节无机化学课的时候，老师说："你们必须学会记笔记，必须学会在很短的时间内掌握重点并记录下来，这是一项很重要的技能，你们必须培养起来。"我的第一次无机化学实验的内容是加工玻璃棒，实验老师说："以后你们不会有很多亲自烧制玻璃仪器的机会，但是，我们培养学生的目标是，在没有先进仪器可以直接使用的时候，也能自己制备仪器完成实验。"

这就是我的母校的专业目标，四年期间它一直一以贯之，这种思想也深刻地烙印在我的心里。我希望我的学生也能够掌握记笔记的技能。记笔记，其实是学习主动性的体现，是主动掌握知识的开始。

很多年后我拜读了教我物理化学的老师新出的教材，里面的每一页我都觉得十分亲切，那里有很多我在课堂上记录过的内容，还有很多新补充的前沿课题。老师把他一生的教学经验都浓缩在一本教材里，看老师的书，就仿佛又回到了当初的课堂。

我已经没有办法真的再回到那个课堂了，也没有办法再向老师请教问题，就以这本笔记作为献给各位老师的一份作业吧，希望各位老师觉得没有白白教过我，这是一个学生最真挚的心愿。也希望这本笔记能对各位同学学习物理化学有所助益，很久以后回忆起来，觉得物理化学也并不那么枯燥，这是一个老师最真诚的祝愿。

本书分为6章，除了第1章气体之外，其余几章都是关于热力学定律的内容，包括理论和应用。很多课程都会讲到热力学三大定律，同学们已经在大学物理和无机化学课程里接触过它们了。但是，当一些内容反复出现在各门学科当中时，并不意味着它们不重要，恰恰相反，这正好说明它们非常重要。

相对于其他学科，物理化学中所关心的热力学三大定律有它们自己的特色，其侧重点也和其他学科有所不同。希望本书能够对正在学习物理化学的同学们有所裨益。

编　者

目　录
CONTENTS

绪　论

§1　物理化学的产生

物理化学是化学的一个分支。使化学成为自然科学中一门独立学科的科学家就是英国的波义耳[①]，其标志是 1661 年波义耳出版的《怀疑的化学家》。在这本伟大的著作中，波义耳指出："纵然我对他们（指炼金术士）的技艺的理论部分颇不欣赏，但我希望其实验部分能得到人们的重视[②]。"这句话其实指出了所有化学学科的基本特点，即重视实验、以实验为基础和验证手段。

"物理化学"这个词汇的最初使用者是俄罗斯科学家罗蒙诺索夫[③]。1756 年，罗蒙诺索夫通过实验提出了质量守恒定律并将其应用于化学学科[④]，他还提出了气体分子运动理论。他将这一系列理论都称为"物理化学"[⑤]。

通常认为，物理化学的创始人有三个，也就是被称为"物理化学三剑客"的三位化学家。他们是荷兰物理化学家范霍夫[⑥]、德国物理化学家奥斯特瓦尔德[⑦]和瑞典物理化学家阿伦尼乌斯[⑧]。1887 年，奥斯特瓦尔德和范霍夫一起创办了一本《物理化学杂志》，这被认为是物理化学这门学科正式诞生的标志。奥斯特瓦尔德后来回忆："当物

[①]　波义耳（Robert Boyle，1627.1.25—1691.12.31），出生于爱尔兰，其父为爱尔兰大法官。他长期居住在英国，因此被认为是英国化学家。由于他在化学史上的杰出贡献，被称为"近代化学之父"或"近代化学的奠基者"。在波义耳之前，化学并不是一门独立的学科，而是依附于医学或冶金学而存在的、被人误会为一些实验技巧的集合而已。波义耳以他高超和独特的见解，赋予了化学本身具有的意义，并且明确指出"化学是以实验为基础的科学"，这也是今天所有化学分支共同遵循的基本原则，物理化学也不例外。

[②]　罗伯特·波义耳. 怀疑的化学家 [M]. 袁江洋，译. 武汉：武汉出版社，1993.

[③]　罗蒙诺索夫（Михаил Васильевич Ломоносов，1711.11.19—1765.4.15），俄罗斯伟大的科学家、哲学家、语言学家、诗人，是一个百科全书式的天才人物。他创立了俄罗斯第一所大学——著名的莫斯科大学（其全称为莫斯科罗蒙诺索夫国立大学）和俄罗斯第一个化学实验室。

[④]　该定律对于物理化学极为重要，可以说，没有质量守恒定律，就不会产生物理化学。

[⑤]　马兆锋. 王者之剑：欧洲超级帝国兴衰史 [M]. 北京：北京工业大学出版社，2014.

[⑥]　范霍夫（Jacobus Henricus Varrt Hoff，1852.8.30—1911.3.1），荷兰物理化学家，物理化学和立体化学创始人，1901 年第一届诺贝尔化学奖得主。

[⑦]　奥斯特瓦尔德（Friedrich Wilhelm Ostwald，1853.9.2—1932.4.4），德籍犹太人，出生于利沃尼亚地区的里加（当时归属俄罗斯帝国管辖），物理化学创始人之一，1909 年诺贝尔化学奖得主。

[⑧]　阿伦尼乌斯（Svante August Arrhenius，1859.2.19—1927.10.2），瑞典物理化学家，物理化学创始人之一，1903 年诺贝尔化学奖得主。

理化学诞生的时候，三个创始人的年龄加起来还不到 100 岁[①]。"

从热力学第一定律和热力学第二定律被广泛应用于各种化学系统，尤其是溶液系统以来，到 20 世纪 20 年代，经典化学热力学已经发展完善。19 世纪末—20 世纪初，随着阿伦尼乌斯提出化学反应活化能以及此后的链反应机理，化学动力学也迅速崛起。20 世纪初，劳厄[②]和布拉格父子[③]对 X 射线晶体结构的研究奠定了近代晶体化学的基础。化学键理论的蓬勃发展强力推动着结构理论研究的发展。随着计算机技术的发展，量子化学应运而生，而量子化学的兴起又促进了对分子微观结构的认识。20 世纪中叶，前线轨道理论和分子轨道对称守恒原理以及后来的半经验和从头算法为量子化学的广泛应用奠定了基础，使之成为研究分子和材料性质的重要方法之一[④]。

在各个化学分支中，物理化学具有显著的特殊性，即理论性。物理化学是一门理论性很强的学科，所以它又叫理论化学。这种对理论性的内在要求使得它不同于其他化学学科，物理化学是为其他化学学科提供理论基础的学科，这就是它的地位。由于这种特殊性，它的创立过程遇到了比其他化学分支更多的困难——在传统化学的各分支里[⑤]，它的创立是最晚的。阿伦尼乌斯关于电离学说的博士论文就曾遭到他的老师克利夫教授[⑥]的强烈反对，险些不能毕业。后来克利夫教授说："这一新的理论是在困难中成长起来的；化学家不认为它是一种化学理论，物理学家也不认为它是一种物理学理论。但是这种理论却在化学和物理学之间架起了一座新的桥梁[⑦]。"这个评价可以说指出了物理化学的核心和本质。物理化学诞生之后，对整个化学学科影响巨大。从 1901 年第一届诺贝尔化学奖开始，几乎所有化学奖得主都具有理论化学的学科背景。

所谓"物理化学"的意思就是，用物理原理和方法来研究化学中最基本的规律和理论[⑧]。或者说，它用物理方法来研究化学过程（包含一些物理过程）。这一点就是物理化学和其他化学分支截然不同的地方，也是它被称为理论化学的原因。在以后的章节中，我们会越来越深刻地体会到这一点。

---

① 我们将会在物理化学中不断地遇到以这三位创始人的名字命名的各种方程和定律。

② 劳厄（Max von Laue，1879.10.9—1960.4.24），德国物理学家，1912 年发现了晶体的 X 射线衍射现象，并因此获得 1914 年诺贝尔物理学奖。

③ 威廉·亨利·布拉格（Sir William Henry Bragg，1862.7.2—1942.3.10），英国物理学家，现代固体物理学的奠基人之一。由于在使用 X 射线衍射研究晶体原子和分子结构方面所做的开创性贡献，与其子威廉·劳伦斯·布拉格共同获得了 1915 年诺贝尔物理学奖。威廉·劳伦斯·布拉格（William Lawrence Bragg，1890.3.31—1971.7.1），英国物理学家，是著名物理学家威廉·亨利·布拉格的儿子，25 岁时就获得了诺贝尔奖，是历史上最年轻的诺贝尔物理学奖获奖者。

④ 袁江洋，樊小龙，苏湛，等. 当代中国化学家学术谱系 [M]. 上海：上海交通大学出版社，2016.

⑤ 指传统意义上的"四大化学"，即无机化学、有机化学、分析化学和物理化学。

⑥ 克利夫（P. T. Cleve，1840—1905），乌普萨拉大学教授，元素钬和铥的发现者。

⑦ 陈敏伯. 追求"第一原理"从理论化学到分子设计 [M]. 长沙：湖南教育出版社，2012.

⑧ 天津大学物理化学教研室编. 物理化学 [M]. 5 版. 北京：高等教育出版社，2009.

§2　物理化学的内容

一般来说，物理化学主要包含以下内容：热力学、动力学、物质结构（结构化学）和统计热力学。物理化学的各个分支，如表面化学、胶体化学、电化学等，往往同时包含了上述内容。这当然增加了学习难度，使物理化学成了一门相当难学的课程。学习物理化学之前，必须要经过大学物理和微积分的学习，不然，就难以理解物理化学课程中的内在逻辑，而且不会解决实际问题。

在物理化学中，热力学有其特殊之处，严格来说，它并不从属于化学。热力学的建立比物理化学要早一些。1843 年，焦耳①完成了热功当量的实验；1865 年，克劳修斯②引入了"熵"的概念。考虑到大量前人对于热机的研究，热力学的产生可能还要更早。热力学从其本源上说，就是因研究热机原理而建立的科学③。因此，在学习物理化学之前，我们至少已经在大学物理和无机化学的课程中就接触过热力学的相关内容了。

但这并不是说，在物理化学中，热力学可有可无、并不重要。恰恰相反，热力学是物理化学的重要组成部分，甚至可以说是最基本的部分。如果不能很好地掌握热力学内容，就不能说真正了解了整个过程。同样的内容如果重复出现在不同的学科中，只能说明它很重要而不是相反。但这也并不是说，物理化学中的热力学内容和其他课程中的热力学内容一模一样、不加区别。物理化学中的热力学有自己的特点，也就是物理化学所关注的化学特性。比如说，在物理学中，热力学只涉及物理过程，关注一个物理过程的方向性，也就是过程可逆与否；而在化学中，我们用热力学来讨论一个化学过程的方向性，也就是过程平衡与否。关注点从可逆到平衡的转化，就是热力学从物理到化学的转化。

因此对于物理化学来说，热力学研究化学过程，即化学变化的方向和限度问题。它将告诉我们一个化学反应能否发生、反应所能达到的程度以及反应过程中的能量变化。一个化学反应如果在热力学上被否定，通常情况下，它就不可能进行。这就是热力学对于化学的重要之处。只有从一开始就对热力学给予足够的重视，才有可能学好物理化学课程。

动力学所要研究的，是化学反应的反应速率和反应机理，以及各种外界条件对反应速率的影响。反应速率和反应机理是化学动力学的两个核心问题。反应速率是所有

---

① 焦耳（James Prescott Joule，1818.12.24—1889.10.11），英国物理学家，英国皇家学会会员。他发现了热功当量，由此得到了能量守恒定律，最终发展出热力学第一定律。为了纪念他，以他的名字命名了能量的单位。

② 克劳修斯（Rudolf Julius Emanuel Clausius，1822.1.2—1888.8.24），德国数学家、物理学家。由于他对卡诺循环的阐述和把熵作为状态函数引入其中，得到了热力学第二定律。

③ 彭笑刚. 物理化学讲义［M］. 1 版. 北京：高等教育出版社，2017.

化学反应的灵魂[①]。我们研究任何一个反应，都是为了把反应速率控制在一个合适的区间内，既不能快到失控引发危险，也不能慢到显著影响成本。反应机理是对一个反应发生过程的合理推测。只有了解反应机理，才能控制反应过程、控制反应速率。

对于整个化学学科来说，其核心也可以总结为一句话："结构决定性质"。不同的微观结构决定了物质不同的宏观性质。关注物质的结构，也是物理和化学的学科区别之一。量子力学蓬勃兴起之后，量子化学也得到了大力发展，并进而产生了结构化学。真正的化学所关注的，绝不仅仅是宏观现象，而是决定这些宏观现象的那些微观内在本质。

由于所涉及的薛定谔[②]方程形式复杂[③]，在计算手段未能得到长足发展之前，量子化学所能研究的系统中分子数目极为有限。即使发展到了今天，如果只采用量子力学方法，所研究的系统中的分子一般也不能超过 10 000 个[④]。我们所观测到的物理系统的宏观性质（如压力、体积、温度等）均是构成该系统的分子或原子的相应的微观性质的统计平均值。对于大量的分子或原子构成的系统[⑤]，我们只能用统计热力学来进行研究。量子力学、量子化学和热力学之间的重大差别不可忽视。量子力学和量子化学研究分子的详细结构和运动，热力学所研究的则是这些分子的平均行为，也就是系统表现出来的可测量的宏观性质。热力学的可观测量是分子各性质的平均结果，这一原理就是统计热力学的基础[⑥]。统计热力学是联合微观世界和宏观世界的桥梁。仅从学习物理化学的角度考虑，也应对它给予足够的重视[⑦]。

物理化学强调"过程"，所谓"过程"分为如下几类：

（1）pVT 变化过程。

（2）相变过程。

（3）化学变化过程。

在以后的章节中，我们将依次对其进行分析。

---

① 反应工程的核心为"三传一反"，即动量传递、热量传递、质量传递和化学反应过程。这可以说是物理化学理论在实践中的一种重要应用。

② 薛定谔（Erwin Schrödinger，1887.8.12—1961.1.4），奥地利物理学家，量子力学奠基人之一，1933 年诺贝尔物理学奖得主。他提出的薛定谔方程（Schrödinger Equation）是量子力学的基本方程。

③ 如果不依赖计算机，在量子力学中，薛定谔方程最多只能求解氢原子的结构，在量子化学中也只能求解到类氢离子的简单结构。

④ 在这种情况下，不能单独使用量子化学处理系统，必须和分子力学结合起来，其计算精度会降低。

⑤ 1 mol 分子的数目为 6.02×10^{23}，也就是阿伏伽德罗常数。这远不是量子化学所能处理的系统。阿伏伽德罗（Amedeo Avogadro，1776.8.9—1856.7.9），意大利物理学家，分子论的提出者。

⑥ 阿特金斯 P W. 物理化学［M］. 天津大学物理化学教研室，译. 北京：高等教育出版社，1990.

⑦ 国内的课程设置一般把物理化学分为三部分各自独立设课，分别是物理化学、结构化学和统计热力学。所以我们所学到的物理化学课程，往往不包含后面两部分内容。如果不进一步学习后面两部分的话，总是稍有遗憾的。

§3　物理化学的学习方法

物理化学是一门相对比较难学的课程，它理论性强、逻辑性强，对数学有一定的要求，所以学习时在课下所花的时间应当几倍于课堂时间。大部分人都不可能仅通过听课就很好地掌握物理化学的内容。

学习方法因人而异，对于大多数人而言，以下步骤应该是有效的：

（1）课前。课前应该预习，了解新的课程内容所包含的基本内容。预习时就应该做笔记，把自己感到困惑不解的地方记录下来，上课可以有重点地听讲。

（2）课上。正如这本书的书名所示，在课堂上应该记笔记，而不是依赖老师的PPT。PPT不是老师授课的全部，课程的细节和内在的逻辑关系必须经由老师的讲述才能展现出来。对于任何一门课来说，知识本身不是最重要的，最重要的是知识之间的联系。而这种联系往往凝聚了授课老师多年的心血，离不开老师的口传心授，这是在PPT上无法体现的内容。在短期内记录课程重点是一种能力，这种能力除非自己特意培养，不会从天而降。这种能力在今后的工作中将是非常有用的。

（3）课后。对于物理化学来说，课后及时复习是必不可少的学习环节。课堂上学时有限，很少有人能做到完全接受和理解，这就需要自己在课后及时查缺补漏。对于这样一门富有逻辑性的课程来说，其中包含了大量的推导、证明和演算，课后及时练习推导每个公式就显得格外重要。物理化学课程里的公式非常多，如果没有合适的记忆方法，记住这些公式将非常困难。最有效的记忆方法就是推导，推导过程中的条件，就是公式的应用条件。熟悉公式的推导过程，也就记住了公式的应用条件。在某种程度上可以这样说，物理化学的题目只有复杂与否的区别，没有难易的区别。只要掌握了公式和公式的应用条件，在我们的课程范围内，物理化学其实没有难题。只要足够勤奋，每个人都可以学好物理化学。

§4　物理量和有效数字

1. 物理量

物理化学研究各种物理量之间的关系。物理量也简称为量。凡是可以定量描述的物理现象都是物理量[①]。物理量一般都是可测量量，且具有可以进行数学运算的特性，可以用数学公式表示。

基本量和相应导出量的特定组合叫量制。在国际单位制（SI）中，基本量有7个，

[①]　傅玉普，王新平. 物理化学简明教程［M］. 2版. 大连：大连理工大学出版社，2007.

分别是：长度（L）、质量（M）、时间（T）、电流（I）、热力学温度（Θ）、物质的量（N）和发光强度（J）。其余物理量都是由这 7 个基本量组合而成。

用量制中基本量的幂乘积来表示该量制中某物理量的表达式，就叫作量纲。量纲表示量的属性，与量的数值大小无关。对任一物理量 Q，其量纲表示为 $\dim Q$。在 SI 中，任一物理量 Q 的量纲可以表示为

$$\dim Q = L^\alpha M^\beta T^\gamma I^\delta \Theta^\varepsilon N^\xi J^\eta \tag{0.1}$$

公式两端必须保持量纲一致，这就是量纲齐次性原则[①]。如果一个等式两端量纲不一致，那么这个等式是不成立的。量纲分析就是在保证量纲一致的原则下，分析和探求物理量之间的关系。同量纲的物理量可以相加减，不同量纲的物理量可以相乘除。

物理量由两部分的乘积构成，一部分为纯数，另一部分为单位，也就是：物理量 = 数值 × 单位。对任意一个物理量 A，可以将其表示成

$$A = \{A\}[A] \tag{0.2}$$

其中 $[A]$ 是单位，$\{A\}$ 是用 $[A]$ 作单位时的数值。

对数和指数中的物理量均取其除以单位后的纯数，作图作表时所用到的物理量，也取纯数。

通常所说"没有单位"的量[②]，就是量纲 1 的量，即这个物理量是一个纯数。定义物理量的时候，不能指定或暗含单位。例如，物质的摩尔体积不能定义为 1 mol 物质的体积，而应定义为单位物质的量的体积。单位和量纲是不一样的。单位可以确定量的大小，而量纲只表示量的属性。

物理量用斜体的拉丁字母或希腊字母表示，大、小写均可，如 p（压力）、V（体积）、T（温度）、ρ（密度）、μ（化学势）、ξ（反应进度）等。单位一般用小写正体的拉丁字母表示，如 m（米）、s（秒）、kg（千克）、mol（摩尔）等；如果单位来自人名，则第一个字母用大写，如 N（牛顿）、K（开尔文）、J（焦耳）、Pa（帕斯卡）等。

2. 有效数字

化学是以实验为基础的科学，物理化学也不例外。实验必须用到各种测量仪器，每种仪器都有各自的精度，它们共同影响了整个实验的精度。有效数字就是对仪器精度的描述。有效数字通常的定义是指最高位数不为 0 的、含有实际意义的那些数字，一般包括全部准确数字和一位不确定的数字，借以反映测量的准确程度[③]。在这个定义里，明确指出了有效数字和测量的关系。测量是实验的基本手段，其结果则是实验的基本目的，因此，对于所有以实验为基础的学科来说，测量的意义不言而喻。

[①] 段克峰. 数学建模方法论［M］. 兰州：兰州大学出版社，2013.

[②] 这种说法严格来说是不正确的，应当尽量避免使用。量纲 1 的物理量不是"没有单位"，而是单位为"1"，即量纲表达式中各项幂指数均为 0，幂乘积为 1。

[③] 陈维杰. 关于有效数字的运用［J］. 化学通报，1981，33（2）：54 – 57.

测量的准确程度受到测量时所使用仪器精度的限制，因此，从本质上说，有效数字的位数不可能是无限的。只有一种情况例外，那就是，常数的有效数字可以认为是无限的。虽然常数的获取过程往往和测量有关，但是，为了不影响其他过程的有效数字运算，我们把常数的有效数字定义为无限，具体计算时一般取三、四位即可。

在数学分析中，有效数字是这样定义的：设 x^* 为准确值，x 是 x^* 的一个近似值，称 $e = x^* - x$ 为近似值的绝对误差，简称误差。如果有数 ε 使得 $|e| \leqslant \varepsilon$，则称 ε 为近似值 x 的绝对误差限，简称误差限。如果近似数 x 的误差限是某一位上的半个单位，且该位直到第一位非 0 数字一共有 n 位，则称近似值有 n 位有效数字[①]。

物理化学的每一道题目都可以看作一个具体的实验，所以在计算过程中就必须严格遵循有效数字的运算规则。

实验测量中所使用的仪器仪表只能达到一定的精度，因此测量或运算的结果不可能也不应该超越仪器仪表所允许的精度范围。

测量中通过直读获得的准确数字叫作可靠数字，通过估读得到的数字叫作存疑数字，通常称所有确定的数字和最后不确定的数字一起为有效数字。有效数字只能具有一位可疑值。

例如，用最小分度为 1 cm 的标尺测量两点间的距离，结果为：4 580 mm，458.0 cm，4.580 m，0.004 580 km，其精确度相同，但由于使用的测量单位不同，小数点的位置就不同。另外，必须注意一点，即单位变化不能引起有效数字位数的变化。

有效数字的表示应注意非 0 数字前面和后面的 0。例如，0.004 580 km 前面的 3 个 0 不是有效数字，它与所用的单位有关。非 0 数字后面的 0 是否为有效数字，取决于最后的 0 是否用于定位。在上面的例子中，由于标尺的最小分度为 1 cm，故其读数可以到 5 mm（估计值），因此 4 580 mm 中的 0 是有效数字，该数值的有效数字是四位。

有效数字的运算规则如下：

（1）加、减法运算。有效数字进行加、减法运算时，各数字小数点后所取的位数与其中位数最少的相同。这条规定是和仪器精度之间的关系相联系的。一个实验的最后精度受实验过程中精度最低的仪器限制，也就是受小数点后位数最少的测量值限制[②]。所以在设计实验过程中，一定要安排精度接近的仪器来共同完成实验，否则就会严重影响整个实验的精度。

（2）乘、除法运算。两个量相乘（相除）的积（商），其有效数字位数与各因子中有效数字位数最少的相同。这条规定和仪器的量程有关。测量过程中，在测量值接

---

① 李庆扬. 数值分析 [M]. 北京：清华大学出版社，2001.

② 比如 10.000 - 1.0 = 9.0，结果的小数点后位数比被减数减少 2 位，精度损失 100 倍。

近仪器满量程的情况下，其有效数字位数会更多，在进行运算时有效数字位数损失更少①。也就是说，进行实验时，应先预估一下待测物理量的数值范围，选取量程合适的仪器进行测量，否则就会影响实验精度。

（3）乘方、开方运算。乘方、开方后的有效数字的位数与其底数相同。

（4）对数运算。对数的有效数字的位数应与其真数相同。在所有计算式中，π，e 等常数的有效数字位数不受限制，需要几位就取几位。表示精度时，一般取一位有效数字，最多取两位有效数字。

在物理化学的运算过程中，凡是涉及有效数字位数发生变化的步骤，都应详细写出来，不能只给出最后的结果。在运算过程中，为了避免出现过大的误差传递，可以始终保持多一位或两位有效数字，但在最后的结果里，一定要修约为应有的位数，保证数据的真实性和可靠性。

数值取舍规则为"四舍六入五留双②"。其具体方法为：

（1）当尾数③≤4 时，直接将尾数舍去。

（2）当尾数≥6 时，将尾数舍去并向前一位进位。

（3）当尾数为 5，而尾数后面的数字均为 0 或没有数字时，应看尾数"5"的前一位：若前一位数字此时为奇数，就应向前进一位；若前一位数字此时为偶数，则应将尾数舍去。数字"0"在此时应被视为偶数。

（4）当尾数为 5，而尾数"5"的后面还有任何不是 0 的数字时，无论前一位在此时为奇数还是偶数，也无论"5"后面不为 0 的数字在哪一位上，都应向前进一位。

对有效数字进行修约时，应一次性修约到指定的位数，不可以进行分步逐次修约，否则可能得到错误的结果。例如将数字 6.134 897 500 1 修约为三位有效数字时，应一步修约为 6.13；如果分步逐次修约，6.134 897 500 1→6.134 898→6.135→6.14，这个结果就是错的。

3. 计算过程

物理化学中，用量方程式来表示物理量之间的关系，也就是我们常说的公式。计算时应先写出量方程式，再代入数值和单位计算。如下面例子所示：

---

① 假想一个电压计，有上下两种量程，一种从 0~10 V，另一种从 0~100 V，刻度都均分为 100 份。待测电压值为 9 V 左右，如果在量程 10 V 的范围内测量，其最小刻度是 0.1 V，测量结果为 9.00 V，有三位有效数字；在量程 100 V 的范围内测量，其最小刻度为 1 V，测量结果是 9.0 V，只有两位有效数字。还可以进一步假定，如果这个电压计有三种量程，在 0~1 000 V 的范围内测量同一个待测电压值，测量结果就变成了 0.9 V，只有一位有效数字了。

② 常用的"四舍五入"法对数值进行取舍，得到的均值偏大。而用"四舍六入五留双"，则进舍的状况具有平衡性，变大的可能性与变小的可能性相同。

③ 想要得到的有效数字位数的下一位就是尾数。比如想把一个数 2.337 61 修约为四位有效数字，则第五位上的"6"就是尾数；要把它修约为三位有效数字，则第四位上的"7"就是尾数。

$$V = \frac{nRT}{p} = \frac{1 \text{ mol} \times 8.314 \text{ J}/(\text{mol} \cdot \text{K}) \times 298 \text{ K}}{100 \times 10^3 \text{ Pa}} = 0.024\ 8 \text{ m}^3$$

而不能直接写成

$$V = \frac{1 \text{ mol} \times 8.314 \text{ J}/(\text{mol} \cdot \text{K}) \times 298 \text{ K}}{100 \times 10^3 \text{ Pa}} = 0.024\ 8 \text{ m}^3$$

或

$$V = \frac{nRT}{p} = 0.024\ 8 \text{ m}^3$$

既不能不写量方程式直接代入数据，也不能不代入数据直接得到结果。在计算过程中，一定要注意有效数字位数的变化，要有详细的计算过程。

计算过程中如果所有的物理量都用 SI 单位，则每个物理量后面的单位可以省略，只写一个最终的单位，例如：

$$V = \frac{nRT}{p} = \left(\frac{1 \times 8.314 \times 298}{100 \times 10^3} \right) \text{m}^3 = 0.024\ 8 \text{ m}^3$$

也可以除以单位只计算数值，例如：

$$V/\text{m}^3 = \frac{n/\text{mol} \times R/(\text{J}/(\text{mol} \cdot \text{K})) \times T/\text{K}}{p/\text{Pa}} = \frac{1 \times 8.314 \times 298}{100 \times 10^3} = 0.024\ 8$$

所以 $V = 0.024\ 8 \text{ m}^3$。

在计算过程中有一点要格外引起注意，即有效数字的运算往往不能直接看出结果的位数。如下例所示[1]：

$3\ 000 - 2.7 \times 10^2 = 30.00 \times 10^2 - 2.7 \times 10^2 = (30.00 - 2.7) \times 10^2 = 27.3 \times 10^2 = 2.73 \times 10^3$

一个四位有效数字的数和一个两位有效数字的数相减，结果有三位有效数字[2]。

最后，所有计算结果都应使用科学计数法表示。科学计数法可以表示很大或很小的数字，形式为一位整数和 10 的整数次幂的乘积，通常为 "$a \times 10^n$"，a 是整数且 $1 \leqslant a < 10$，n 为整数[3]。

---

① 一个数可以有不同的表示方法，但无论如何不能改变它的有效数字位数。

② 有人认为在学习中无须注意这些细节，这样显得格局不大。实际上不是这样的，任何事情的成败都在于细节。对于一个工程师来说，甚至可以说，细节就是一切。如果不在求学期间掌握好细节、意识到细节的重要性，在以后的学习和工作中，就会因细节而受到损失。化学是以实验为基础的科学，离开对细节的追求，就无法保障实验的可靠性，无法保障一个人的学术良心。我国的古人说过："一屋不扫，何以扫天下？"不能够在学习中养成细致的习惯，而奢望将来具有宏大的科学视野，往往只能是叶公好龙。

③ 周阳. 数学符号一本通 [M]. 北京：现代出版社，2013.

参 考 文 献

[1] 罗伯特·波义耳. 怀疑的化学家 [M]. 袁江洋, 译. 武汉: 武汉出版社, 1993.

[2] 马兆锋. 王者之剑: 欧洲超级帝国兴衰史 [M]. 北京: 北京工业大学出版社, 2014.

[3] 袁江洋, 樊小龙, 苏湛, 等. 当代中国化学家学术谱系 [M]. 上海: 上海交通大学出版社, 2016.

[4] 天津大学物理化学教研室编. 物理化学 [M]. 5 版. 北京: 高等教育出版社, 2009.

[5] 彭笑刚. 物理化学讲义 [M]. 1 版. 北京: 高等教育出版社, 2017.

[6] 阿特金斯 P W. 物理化学 [M]. 天津大学物理化学教研室, 译. 北京: 高等教育出版社, 1990.

[7] 傅玉普, 王新平. 物理化学简明教程 [M]. 2 版. 大连: 大连理工大学出版社, 2007.

[8] 段克峰. 数学建模方法论 [M]. 兰州: 兰州大学出版社, 2013.

[9] 陈维杰. 关于有效数字的运用 [J]. 化学通报, 1981, 33 (2): 54 –57.

[10] 李庆扬. 数值分析 [M]. 北京: 清华大学出版社, 2001.

[11] 周阳. 数学符号一本通 [M]. 北京: 现代出版社, 2013.

[12] 陈敏伯. 追求"第一原理"从理论化学到分子设计 [M]. 长沙: 湖南教育出版社, 2012.

第1章

气　体

§1.1　理想气体状态方程

1.1.1　标准压力[①]

压力是气体的一个重要参数，测定压力需要各种气压计。同一气压计在不同的地方其读数是不一样的，就是在同一个地方，每天的大气压也有起伏。1644 年，托里拆利[②]用一端封闭的玻璃管制造了汞大气压计。在纬度 45°的海平面上，大气的平均压力可以支撑 760 mm 高的汞柱。于是纬度 45°的海平面平均压力就是 760 mm 汞柱高，历史上把它叫作标准大气压（atm），即 1 大气压（1 atm），符号为 $p^{\ominus}$[③]。在 1986 年之前，规定标准压力 $p^{\ominus}=1$ atm，1 atm $=101.325$ kPa。

1986 年，GB 3100—86 规定：$p^{\ominus}=101.325$ kPa[④]。

1993 年，根据 IUPAC[⑤] 推荐，GB 3100—93 规定：$p^{\ominus}=100$ kPa $=1$ bar[⑥]。关于标准压力的这次改变简化了很多数学运算，但是会稍微影响一些与体积有关的热力学函数的数值（如标准摩尔熵等）。

本书采用 $p^{\ominus}=100$ kPa 的规定。

1.1.2　低压气体状态方程

气体的各种变化过程中都包含了 pVT 过程。对于气体来说，其体积受压力和温度

---

　①　化学中提到的"压力"，单位是 Pa。仅从单位上看，其实是物理中的"压强"。但在化学中，把气体压强称为气体压力是一件约定俗成的事。如果强行纠正，反而会影响交流，把它当成一个学科特点接受即可。

　②　托里拆利（Evangelista Torricelli，1608.10.15—1647.10.25），意大利物理学家、数学家，是伽利略的学生和晚年的助手，1642 年继伽利略任佛罗伦萨学院数学教授。

　③　宋广治. 化学基本计算［M］. 成都：四川人民出版社，1983.

　④　GB 指的是国家标准。我国国家标准代号分为 GB 和 GB/T。国家标准的编号由国家标准的代号、国家标准发布的顺序号和国家标准发布的年号（发布年份）构成。GB 代号表示国家标准含有强制性条文及推荐性条文，当全文强制时不含有推荐性条文；GB/T 代号表示国家标准为全文推荐性。

　⑤　International Union of Pure and Applied Chemistry（IUPAC），国际纯粹与应用化学联合会，又译为国际理论与应用化学联合会，是各国化学会的联合组织，以公认的化学命名权威著称。

　⑥　巴（bar）也是一个压力单位，1 bar $=0.1$ MPa，1 MPa $=1\,000$ kPa。

的影响很大，不可忽略。这是气体和液体、固体的不同之处。液体、固体的体积受温度、压力影响很小。联系 p，V，T 之间关系的方程称为状态方程。

17 世纪中叶，经过大量实验，人们得到了三个低压气体状态方程[①]：

（1）波义耳定律[②]。1662 年，波义耳发现，在物质的量[③] n 和温度 T 都一定的条件下，气体的体积 V 与压力 p 成正比，即

$$pV = 常数 \quad (n, T 一定) \tag{1.1}$$

（2）盖 - 吕萨克[④]定律。1808 年，盖 - 吕萨克发现，当物质的量 n 和压力 p 恒定时，气体的体积 V 和与热力学温度 T 成正比，即

$$V/T = 常数 \quad (n, p 一定) \tag{1.2}$$

（3）查理[⑤]定律。1787 年，查理发现，当物质的量 n 和体积 V 恒定时，气体的压力 p 和与热力学温度 T 成正比，即

$$p/T = 常数 \quad (n, V 一定) \tag{1.3}$$

（4）阿伏伽德罗[⑥]定律。1811 年，阿伏伽德罗提出，同体积的气体，在相同的温度和压力时，含有相同数目的分子[⑦]，即

$$V/n = 常数 \quad (T, p 一定) \tag{1.4}$$

将其中任意三个定律[⑧]结合起来，就可以得到理想气体状态方程，即

$$pV = nRT \tag{1.5}$$

[①] 天津大学物理化学教研室编. 物理化学 ［M］. 5 版. 北京：高等教育出版社，2009.

[②] 比波义耳的发现略晚，1676 年，法国物理学家马略特（Edme Mariotte，1620—1684.5.12）也独立发现了该定律，所以该定律也被称为波义耳 - 马略特定律。

[③] 物质的量是一个重要的物理量，它的定义是：物系中指定的基本单元（分子、原子、离子或实际上不存在的原子团或半个分子等）的数目 N 除以阿伏伽德罗常量 L 所得的商称为物质的量 n，即 $n = N/L$，单位为 mol。阿伏伽德罗常量的数值为 6.02×10^{23} mol^{-1}，也即在 0.012 kg ^{12}C 中所包含的 ^{12}C 原子的数量。

[④] 盖 - 吕萨克（Joseph Louis Gay - Lussac，1778.12.6—1850.5.9），法国化学家。他发现了气体的盖 - 吕萨克定律，发明了应用于硫酸制造工艺中的吸收塔（盖 - 吕萨克塔），改进了滴定管并提出了“银量法”，发展并推广了滴定分析法。盖 - 吕萨克是法国著名化学家贝托雷（Claude - Louis Berthollet，1748.12.9—1822.11.6）的学生，又是德国著名化学家、有机化学之父李比希（Justus von Liebig，1803.5.12—1873.4.18）的老师。他的气体实验为原子 - 分子论提供了直接依据。

[⑤] 查理（Jacques Alexandre Cesar Charles，1746.11.12—1823.4.7），法国物理学家、数学家和发明家。中学毕业后曾在法国政府财政部当职员，但他热爱自然科学，自学成才，于 1816 年任巴黎科学院院长。

[⑥] 阿伏伽德罗（Amedeo Avogadro，1776.8.9—1856.7.9），意大利物理学家，提出了分子假说。其理论和英国化学家道尔顿（John Dalton，1766.9.6—1844.7.27）的原子论一起被称为“原子—分子论”。

[⑦] 阿伏伽德罗定律是对盖 - 吕萨克在 1809 年发表的气体化合体积定律加以发展而形成的。阿伏伽德罗在他的著作中写道：“盖 - 吕萨克在他的论文里曾经说，气体化合时，它们的体积成简单的比例。如果所得的产物也是气体的话，其体积也成简单的比例。这说明了在这些体积中所作用的分子数是基本相同的。由此必须承认，气体物质化合时，它们的分子数目是基本相同的。”

[⑧] 这四个定律又叫作低压气体状态方程。这是因为在当时的实验条件下，只能做低压试验，所得到的结论，也只能在低压状态下适用。在低压状态下，气体具有接近于理想气体的性质。所以由这四个定律推导得到的理想气体状态方程，也只能在低压条件下适用。

式中，R 是一个对各种气体都适用的比例常数，叫作摩尔气体常数，或者普适气体常量[①]，其值由实验测定，通常取为 8.314 J/(mol·K)。

因为气体的摩尔体积[②] $V_m = V/n$，n 等于气体质量 m 与气体摩尔质量 M 之比 m/M，气体密度 $\rho = m/V$，所以理想气体状态方程还可以表示为如下形式：

$$pV_m = RT \tag{1.6}$$

$$pV = (m/M)\ RT \tag{1.7}$$

$$pM = \rho RT \tag{1.8}$$

例 1.1　已知甲烷气体温度为 25 ℃，压力为 200 kPa。求甲烷气体的密度[③]。

解：甲烷的摩尔质量 $M = 16.04 \times 10^{-3}$ kg/mol，利用式（1.8）可得

$$\rho = \frac{pM}{RT} = \frac{200 \times 10^3 \times 16.04 \times 10^{-3}}{8.314 \times (273.15 + 25)} \text{kg/m}^3 = \frac{200 \times 10^3 \times 16.04 \times 10^3}{8.314 \times 298.15} \text{kg/m}^3$$

$$= 1.294\ \text{kg/m}^3$$

答：所求甲烷气体的密度为 1.294 kg/m³[④]。

练习 1

请用两种方法推导出理想气体状态方程。

1.1.3　理想气体模型

通常把气体分为两种，理想气体和真实气体。符合如下模型的气体称为理想气体[⑤]：

（1）不断运动的、具有确定单元结构的物质，松散、均匀地分散在一个任意给定容器中。结构单元的尺寸远小于它们之间的平均距离。我们用分子来指代这种结构单元。

---

①　如果物理量在任何情况下均有同一量值，则称为普适常量或普适常数。仅在特定条件下保持量值不变或由计算得出的量值的其他物理量，有时在名称中也含有"常量"或"常数"，如"化学反应平衡常数"。

②　广度量（又叫广度性质，指性质与物质的数量成正比的物理量，如质量、体积等）前面加"摩尔"，是指广度量除以物质的量所得的商。

③　天津大学物理化学教研室编. 物理化学［M］. 5 版. 北京：高等教育出版社，2009. 从这道例题中我们可以顺便学习对有效数字位数的判断。对于任何一个实验，25 ℃ 的测量值意味着所用的温度计最小刻度为 10 ℃，而 200 kPa 的测量值意味着测量所用的压力计最小刻度为 1 000 kPa。这在实验中是不可能的。所以遇到这种情况，只能把 25 ℃ 和 200 kPa 当作常数处理，不计入有效数字运算规则。这种情形以后还会不断遇到，应仔细判断。

④　运算过程中，有不同级别的运算过程存在，应当每一步都写出来。在把 25 ℃ 和 200 kPa 当作常数处理的情况下，本题结果的有效数字位数仅由甲烷的摩尔质量的取值决定。甲烷的摩尔质量 $M = 16.04 \times 10^{-3}$ kg/mol，因此结果取四位有效数字。物理化学中经常会有很复杂的题目，在一道题里求解不止一个物理量的值，为了方便看到结果，最好在最后把结果一起表现出来。

⑤　彭笑刚. 物理化学讲义［M］. 1 版. 北京：高等教育出版社，2017.

（2）分子之间，除非彼此发生碰撞或者和器壁发生碰撞，没有相互作用力。所有碰撞都是弹性碰撞。

条件（1）说明，相对于理想气体分子之间的距离，分子本身的尺寸可以忽略不计。换言之，就是理想气体分子本身不占体积，可以理解为质点；条件（2）说明，理想气体分子之间没有相互作用力。

理想气体可以看作是真实气体在压力趋于 0 时候的极限情况。此时气体分子之间距离为无穷大，分子本身体积和气体分子之间作用力都可以忽略不计，真实气体就变成了理想气体。在任何温度、压力下均符合理想气体模型，或服从理想气体状态方程的气体，就是理想气体。

1.1.4　理想气体混合物

由多种理想气体构成的系统，叫作理想气体混合物。理想气体混合物中各组分的含量叫作组成。表示组成通常有如下三种方式：

（1）摩尔分数 x 或 y[①]。物质 B 的摩尔分数定义为[②]

$$x_B（或\ y_B）\xupequal{def} \frac{n_B}{\Sigma n_B} \tag{1.9}$$

式中，n_B 为物质 B 的物质的量，Σn_B 为混合物总的物质的量，其比值量纲为 1。显然，$\Sigma x_B（或\ \Sigma y_B）=1$。

（2）质量分数 w。物质 B 的质量分数定义为

$$w_B \xupequal{def} \frac{m_B}{\Sigma m_B} \tag{1.10}$$

式中，m_B 为物质 B 的质量，Σm_B 为混合物总的质量，其比值量纲为 1。显然，$\Sigma w_B = 1$。

（3）体积分数 φ。物质 B 的体积分数定义为

$$\varphi_B \xupequal{def} \frac{x_B V_{m,B}^*}{\Sigma x_B V_{m,B}^*} = \frac{V_B^*}{\Sigma V_B^*} \tag{1.11}$$

式中，$V_{m,B}^*$ 为一定温度、压力下纯物质 B 的摩尔体积，$\Sigma V_{m,B}^*$ 为混合物混合前各纯物质的总体积，其比值量纲为 1。显然，$\Sigma \varphi_B = 1$。

由于理想气体本身的性质，其 pVT 性质与气体种类无关。因此，理想气体混合物仍然服从理想气体状态方程，只需要把方程中的物质的量变为理想气体混合物总的物质的量，即

$$pV = (\Sigma n_B)RT \tag{1.12}$$

[①]　液体混合物的摩尔分数一般用 x 表示，气体混合物的摩尔分数一般用 y 表示。

[②]　x_B 称为组分 B 的摩尔分数或物质的量分数，y_B 表示与液相平衡的气相中 B 的摩尔分数。

$$pV = (m/M_{mix})RT \qquad (1.13)$$

式中，n_B 为各物质的物质的量，m 为混合物的总质量，M_{mix} 为混合物的平均摩尔质量。

$$m = \sum m_B \qquad (1.14)$$

$$M_{mix} \stackrel{def}{=\!=\!=} \frac{\sum m_B}{\sum n_B} = \frac{m}{n} \qquad (1.15)$$

式中，m_B 为各物质的质量，n 为混合物的总的物质的量。

因为 $m_B = n_B M_B$，M_B 为各物质的摩尔质量，代入式（1.15）可得

$$M_{mix} = \sum y_B M_B \qquad (1.16)$$

理想气体实际上是不存在的，只是一种科学抽象。理想气体状态方程严格说来只适用于理想气体，真实气体只有在低压、高温下才能近似适用[①]。在低压和高温下，真实气体的气体分子之间距离较远，分子间作用力较小，可以近似为理想气体。在压力较大时，真实气体的分子体积和分子间力不能忽略，不能被近似为理想气体，不服从理想气体状态方程。

例 1.2　n mol 氮气充入温度为 T、体积为 2 L 的刚性容器内，所产生的压力为 0.500×10^5 Pa。再通入 0.010 0 mol 氧气后，需要使气体温度冷却至 10 ℃，才能维持气体压力不变。试求 n 和 T[②]。

解：设容器体积为 V，终温为 T_f，则[③]

$V = 2$ L $= 2 \times 10^{-3}$ m^3，$T_f = (273.15 + 10)$ K $= 283.15$ K

由 $pV = (\sum n_B)RT_f$ 可得

$$\sum n_B = n + 0.010\ 0\ \text{mol} = \frac{pV}{RT_f}$$

$$= \frac{0.500 \times 10^5\ \text{Pa} \times 2 \times 10^{-3}\ \text{m}^3}{8.314\ \text{J/(mol} \cdot \text{K)} \times 283.15\ \text{K}}$$

$$= 0.042\ 5\ \text{mol}$$

$n = 0.042\ 5$ mol $- 0.010\ 0$ mol $= 0.032\ 5$ mol

由 $pV = nRT$ 可得

$$T = \frac{pV}{nR} = \frac{0.500 \times 10^5\ \text{Pa} \times 2 \times 10^{-3}\ \text{m}^3}{0.032\ 5\ \text{mol} \times 8.314}\ \text{J/(mol} \cdot \text{K)}$$

$$= 370\ \text{K}$$

答：所求氮气物质的量 n 为 0.032 5 mol，温度 T 为 370 K。

---

① 朱志昂，阮文娟. 物理化学学习指导 [M]. 1 版. 北京：科学出版社，2007.

② 这道例题强调的是运算过程的每一步都不可省略，包括解方程。必须有得到所求物理量的详细过程，而不能简单地写"解得"一个物理量。因为在求解过程中，可能会涉及有效数字位数的变化，变化过程必须被详细展示出来。

③ 题目中所没有出现的物理量符号，都要明确设定出来，不能默认别人都知道。

1.1.5 道尔顿分压定律

不同气体混合时，每种气体对总压力的贡献称为该气体的分压。不论理想气体还是真实气体，分压定义均为

$$p_B \xlongequal{\text{def}} y_B p \qquad (1.17)$$

式中，p_B 为组分 B 的分压，y_B 为组分 B 的摩尔分数，p 为系统的总压力。

因为 $\Sigma y_B = 1$，可以推出，所有气体分压之和就等于系统总压，即

$$p = \Sigma p_B \qquad (1.18)$$

式（1.17）和式（1.18）对所有混合气体都适用。

对于理想气体混合物，将式（1.9）和式（1.12）代入式（1.17），可得

$$p_B = y_B p = \frac{n_B p}{\Sigma n_B} = \frac{n_B(\Sigma n_B)RT}{V\Sigma n_B} = \frac{n_B RT}{V} \qquad (1.19)$$

式（1.19）说明，在理想气体混合物中，某组分的分压等于该组分在温度 T 下单独占有总体积 V 时的压力。而总压等于各组分单独存在于混合气体的温度、体积条件下所产生的压力的总和，即总压等于各分压之和。这就是道尔顿分压定律，式（1.19）可以作为该定律的一种表达式。道尔顿分压定律适用于理想气体混合物，对接近于理想气体的真实气体也近似适用。但真实气体如果偏离理想气体太远，不能服从理想气体状态方程时，就不适用分压定律了。

例 1.3 将 2 g 气体 A 通入 25 ℃ 的真空刚性容器内，产生的压力为 1.0×10^5 Pa。再通入 3 g 气体 B，压力升至 1.5×10^5 Pa。假定气体为理想气体，试计算两种气体的摩尔质量比 M_A/M_B。

解：设气体 A 的分压为 p_A，气体 B 的分压为 p_B，系统总压为 p，容器温度为 T，m_A 为气体 A 的质量，m_B 为气体 B 的质量，n_A 为气体 A 的摩尔分数，n_B 为气体 B 的摩尔分数。

因为 $p_A = \frac{n_A RT}{V} = \frac{m_A RT}{M_A V}$，$p_B = \frac{n_B RT}{V} = \frac{m_B RT}{M_B V}$，$p = p_A + p_B$，所以有 $p_B = p - p_A = 1.5 \times 10^5$ Pa $- 1.0 \times 10^5$ Pa $= 0.5 \times 10^5$ Pa

$$M_A = \frac{m_A RT}{p_A V}, \quad M_B = \frac{m_B RT}{p_B V}$$

$$\frac{M_A}{M_B} = \frac{m_A RT/(p_A V)}{m_B RT/(p_B V)}$$

$$= \left(\frac{m_A}{m_B}\right) \times \left(\frac{p_B}{p_A}\right) = \frac{2}{3} \times \frac{(0.5 \times 10^5)}{(1.0 \times 10^5)} = \frac{1}{3}$$

答：两种气体的摩尔质量比 $\frac{M_A}{M_B} = \frac{1}{3}$。

练习 2

> 已知两个相连的容器。一个体积为 1 dm³，内装氮气，压力为 1.60×10^5 Pa。另一个体积为 4 dm³，内装氧气，压力为 0.60×10^5 Pa。打开连通旋塞后，两种气体充分均匀地混合。试求：
> (1) 混合气体的总压；
> (2) 两种气体的分压和摩尔分数。

1.1.6　阿马伽[①]分体积定律

该定律可描述为：理想气体混合物的总体积 V 为各组分分体积 V_B^* 之和，即

$$V = \Sigma V_B^* \tag{1.20}$$

根据式（1.12）可知：

$$V = \frac{(\Sigma n_B) RT}{p} = \Sigma \left(\frac{n_B RT}{p} \right) = \Sigma V_B^*$$

$$V_B^* = \frac{n_B RT}{p} \tag{1.21}$$

式中，V_B^* 即组分 B 的分体积。

从式（1.21）可知，在理想气体混合物中，某组分的分体积等于该组分在温度 T 下具有总压力 p 时的体积。阿马伽分体积定律表明理想气体混合物的体积具有加和性，在相同温度、压力下，混合后的总体积等于混合前各组分的体积之和。和道尔顿分压定律一样，阿马伽分体积定律适用于理想气体混合物，对接近于理想气体的真实气体也近似适用。但真实气体如果偏离理想气体太远，不能服从理想气体状态方程时，就不能适用了。

对于理想气体混合物中的任一组分 B，由道尔顿分压定律和阿马伽分体积定律可得

$$y_B = \frac{n_B}{n} = \frac{p_B}{p} = \frac{V_B^*}{V} \tag{1.22}$$

理想气体混合物中的任一组分，在提到分压的时候，对应的体积是总体积；提到分体积的时候，对应的压力是总压力。分压和分体积不能同时出现在理想气体状态方程中。

---

① 阿马伽（Amagat Emile Hilaire，1841.1.2—1915.2.15）法国物理学家。

§1.2 范德华方程

1.2.1 描述真实气体 pVT 关系的方法

当真实气体偏离理想气体较远，对理想气体状态方程产生较大偏差时，就必须考虑如何从理想气体状态方程出发，得到适用于真实气体的新的状态方程。一般而言，有如下三种方法：

（1）引入压缩因子 Z，修正理想气体状态方程；

（2）使用经验公式，如维里方程，描述压缩因子 Z；

（3）引入 p、V 修正项，修正理想气体状态方程。

无论用哪一种方法，都必须满足当 $p \to 0$ 时，所有状态方程都能回归为理想气体状态方程[①]。

第一种方法最为简单，就是给 $pV = nRT$ 的等式右边乘以一个比例系数[②]，这个系数叫作压缩因子，符号是 Z。这样一来，理想气体状态方程就变为如下形式：

$$pV = ZnRT \tag{1.23}$$

或

$$pV_{\mathrm{m}} = ZRT \tag{1.24}$$

显然，$p \to 0$ 时，$V_{\mathrm{m}} \to \infty$，真实气体回归为理想气体。

由此我们可以得到压缩因子 Z 的定义式：

$$Z \stackrel{\mathrm{def}}{=\!=\!=} \frac{pV}{nRT} = \frac{pV_{\mathrm{m}}}{RT} \tag{1.25}$$

Z 的量纲为 1，但它并不是一个常数，而是 T，p 的函数。它完全由实验确定，没有引入任何假定，直接表征了真实气体对理想气体的偏差。

由式（1.6）和式（1.24）可知：

$$Z = \frac{V_{\mathrm{m}}（真实气体）}{V_{\mathrm{m}}（理想气体）} \tag{1.26}$$

式（1.26）说明，当 $Z > 1$ 时，真实气体的摩尔体积大于理想气体的摩尔体积，真实气体比理想气体更难压缩；当 $Z < 1$ 时，理想气体的摩尔体积大于真实气体的摩尔体

[①] 因为这些状态方程的出发点就是对理想气体状态方程的修正，即当气体对理想气体产生偏差时所遵循的、从理想气体状态方程得到的新的方程。所以，当气体回归理想气体，必然还应遵守理想气体状态方程，这些状态方程也必须回归为理想气体状态方程。$p \to 0$ 时，真实气体就成了理想气体，此时所有状态方程都应是理想气体状态方程。这也是检验真实气体状态方程是否合理的判据。

[②] 通常来说，如果两个物理量成正比关系，如 $A = kB$，如果物理量 A 与 B 的量纲相同，则 k 被称为因子；如果 A 与 B 的量纲不同，则 k 被称为系数。但这个区别并非严格规定，"系数"和"因子"常常混用。这里的比例系数就是一种常用的约定俗成的说法，而"压缩因子"是这个系数的正式叫法。

积，真实气体比理想气体更易压缩；$Z = 1$ 时，气体为理想气体。Z 反映了和理想气体相比真实气体压缩的难易程度，所以叫压缩因子。

第二种方法是在第一种方法基础上的进一步修正，也就是把压缩因子 Z 用级数的形式表达出来，即

$$Z = 1 + Bp + Cp^2 + Dp^3 + \cdots\cdots \tag{1.27}$$

或

$$Z = 1 + \frac{B'}{V_m} + \frac{C'}{V_m^2} + \frac{D'}{V_m^3} + \cdots\cdots \tag{1.28}$$

式中，B（B'），C（C'），D（D'）……分别叫作第二、第三、第四……维里系数[1]。将式（1.27）和式（1.28）代入式（1.24）中，可得维里方程如下[2]：

$$pV_m = RT(1 + Bp + Cp^2 + Dp^3 + \cdots\cdots) \tag{1.29}$$

或

$$pV_m = RT\left(1 + \frac{B'}{V_m} + \frac{C'}{V_m^2} + \frac{D'}{V_m^3} + \cdots\cdots\right) \tag{1.30}$$

显然，$p \to 0$ 时，$V_m \to \infty$，维里方程回归为理想气体状态方程。使用维里方程时，压缩因子 Z 通常取 3 项即可[3]。

第三种方法将要引出的，就是我们下面要得到的范德华[4]方程。

1.2.2　范德华方程

理想气体必须满足两个重要假设：理想气体分子之间没有作用力，理想气体分子不占体积。对于真实气体，在低压和高温下，能够近似接近这两个条件。当压力升高，真实气体就不能满足这两个条件了，因为不能服从理想气体状态方程。范德华方程的本质，就是从修正理想气体的这两个假设出发，得到适用于真实气体的状态方程。

对于实际气体而言，分子间存在作用力，即范德华力。分子间作用力本质上是静电作用，它包括两部分：一是吸引力，如永久偶极矩之间的作用力（取向力）、偶极矩与诱导偶极矩之间的作用力（诱导力）、非极性分子之间的作用力（色散力）；二是排斥力，它在分子间距离很小时表现出来[5]。分子间作用力是吸引作用和排斥作用之和，

---

① 维里（Virial）是拉丁文"力"的意思，并不是一个人名。

② 维里方程从来源上说，只是一个纯经验方程。后来人们用统计的方法证明了其正确性，该方程就成了具有一定理论意义的半经验半理论方程。其中，第二维里系数反映了二分子间的相互作用对气体 pVT 关系的影响，第三维里系数则反映了三分子间的相互作用对气体 pVT 关系的影响。

③ 四分子间的相互作用目前为止只存在于理论上。

④ 范德华（Johannes Diderik van der Waals，1837.11.23—1923.3.8），荷兰物理学家，1910 年诺贝尔物理学奖得主。范德华的父亲是一个木匠，家里有 10 个孩子。范德华 15 岁才小学毕业，其求学之路并不顺利，在获得博士学位之前，当过小学和中学教师。依靠过人的毅力和勤奋，范德华一生成就了辉煌。化学里常常提到的分子间作用力就以他的名字命名的，叫作范德华力。

⑤ 张春红，徐晓冬，刘立佳. 高分子材料［M］. 北京：北京航空航天大学出版社，2016.

它在分子距离较小时表现为斥力，距离较大时表现为引力。

根据理想气体模型，可把理想气体状态方程 $pV_m = RT$ 改用文字表示为

（分子间无作用力时的气体的压力）×（1 mol 气体分子的自由活动空间）$= RT$

$$(1.31)$$

即

$$p_{理} V_{m,自由} = RT \tag{1.32}$$

范德华根据式（1.32）所示的关系，并把实际气体当作分子间相互吸引、分子本身是有确定体积的球体来处理，用压力修正项及体积修正项来修正理想气体状态方程，使之适用于实际气体[①]。

对于真实气体来说，处于实际的 p，V_m，T 条件下时，由于分子之间距离较远，分子间力主要表现为长程吸引力，这种力减弱了分子对器壁的碰撞，使得实际压力小于理想气体的压力，所以

$$p = p_{理} - p_{内} = p_{理} - \frac{a}{V_m^2} \tag{1.33}$$

$$p_{理} = p + \frac{a}{V_m^2} \tag{1.34}$$

a/V_m^2 称为内压力[②]，a 由气体的性质决定，它表示 1 mol 气体在占有单位体积时，由于分子间相互作用而引起的压力减小量[③]。

在压力较大的情况下，真实气体的气体分子体积也不可忽略，设 b 为 1 mol 气体分子所占的体积，则 1 mol 真实气体的分子自由活动空间为

$$V_{m,自由} = V_m - b \tag{1.35}$$

将式（1.34）和式（1.35）代入式（1.32），可得

$$\left(p + \frac{a}{V_m^2}\right)(V_m - b) = RT \tag{1.36}$$

式（1.36）就是著名的范德华方程，a 和 b 称为范德华常数。a 的单位为 $Pa \cdot m^6/mol^2$，b 的单位为 m^3/mol，二者都是与气体种类有关的常数，常见气体的范德华常数可以查表得到。

显然，当 $p \rightarrow 0$ 时，$V_m \rightarrow \infty$，范德华方程回归为理想气体状态方程。在几个兆帕的中压范围内，很多气体对范德华方程的符合都较好。

[①] 张师愚，夏厚林. 物理化学 ［M］. 北京：中国医药科技出版社，2014.

[②] 内压力一方面与内部气体分子数目成正比，另一方面又与碰撞器壁的分子数目成正比。由于分子数和密度成正比，在恒定温度下，对于定量气体（假定为 1 mol），其相对密度与体积成反比，因此有 $p_{内} = a/V_m^2$。

[③] 林树坤，卢荣. 物理化学 ［M］. 武汉：华中科技大学出版社，2016.

练习 3

1. 总结得到范德华方程的过程，论述从旧数学模型出发得到一个新数学模型的方法。

2. 已知某钢瓶最高耐压为 150×10^5 Pa。在 20 L 该钢瓶中含 1.60 kg 氧气，试求出氧气温度最高可达多少而不致使钢瓶破裂？如用理想气体状态方程，求出的温度是多少？对比一下两种结果。

§1.3 气体液化

1.3.1 液体的饱和蒸气压

理想气体的分子之间没有相互作用力，所以在任何条件下都不会液化。但对真实气体来说，降低温度和增加压力都可以使气体的摩尔体积减小，即分子间距离减小，相对而言使得分子间引力增加，造成气体液化。在一个密闭容器中，在一定温度、压力下，气液两相可以达到平衡，即单位时间内气体分子变为液体分子的数目和液体分子变为气体分子的数目相等。这种状态叫作气液平衡，处于气液平衡时的气体叫作饱和蒸气，液体为饱和液体。饱和蒸气所具有的压力叫作饱和蒸气压，符号是 p^*，上标"$*$"表示纯物质。

实验证明，饱和蒸气压是物质的固有属性，它由物质的本性决定。不同物质在同一温度下可具有不同的饱和蒸气压；而对于同种物质，不同温度下也具有不同的饱和蒸气压。因此对纯物质而言，饱和蒸气压是温度的函数。液态混合物的饱和蒸气压除受温度影响外，还受组成的影响；同样，其沸点除压力影响外，也受组成的影响。饱和蒸气压大的液体，其沸点较低。

饱和蒸气压随温度的升高而迅速增大。当液体的饱和蒸气压与外界压力相等时，液体沸腾，此时的温度称为液体的沸点。通常将 101.325 kPa 外压下液体的沸点称为正常沸点。外压越低，液体的沸点越低；外压越高，液体的沸点也越高。

在一定温度下，如果某物质的蒸气压力小于其饱和蒸气压，液体将蒸发为气体，直至蒸气压力增至该温度下的饱和蒸气压，达到气液平衡为止；反之，如果某物质的蒸气压力大于其饱和蒸气压，蒸气将部分凝结为液体，直至蒸气压力降至该温度下的饱和蒸气压，达到气液平衡为止。

练习 4

思考一下，加热密闭容器中的纯液体，能否观察到沸腾现象？

1.3.2　临界参数

液体的饱和蒸气压随温度升高而增大，因此，温度越高，气体液化所需的压力也越大。实验证明，每种气体都存在一个特殊的温度，在该温度以上，无论加多大压力，都不可能使气体液化。这个温度称为临界温度，以 T_c 表示。临界温度就是使气体液化所能允许的最高温度[1]。

在临界温度以上，由于不再有液体存在，如果以饱和蒸气压对温度作图，曲线将终止于临界温度。临界温度 T_c 时的饱和蒸气压称为临界压力，以 p_c 表示。临界压力就是在临界温度下使气体液化所需要的最低压力。

在临界温度和临界压力下，物质的摩尔体积称为临界摩尔体积，以 $V_{m,c}$ 表示。物质处于临界温度、临界压力下的状态称为临界状态[2]。T_c，p_c，$V_{m,c}$ 叫作物质的临界参数。某些物质的临界参数可以查表得到。

稍高于临界状态的物系，既具有液体性质，又具有气体性质，被称为超临界流体。超临界流体既具有液体一样的溶解能力，又具有气体一样的扩散速度，是一种优良的溶剂。

对于范德华方程，在临界点处，有

$$\left(\frac{\partial p}{\partial V_m}\right)_{T_c}=0 \tag{1.37}$$

$$\left(\frac{\partial^2 p}{\partial V_m^2}\right)_{T_c}=0 \tag{1.38}$$

---

[1]　郑桂富. 物理化学［M］. 合肥：安徽大学出版社，2015.

[2]　也可以这样理解：随着温度升高，饱和蒸气压变大，气体的密度不断变大；同时，液体由于受热膨胀，其密度不断变小；达到某温度时，气体的密度等于液体的密度。这时气—液界面消失，液体和气体成为一相。这种状态就是临界状态。

第1章 习　题

一、思考题

1. 在两个体积相等、密封、绝热的容器中，装有压力相等的某理想气体，问这两个容器中温度是否相等？

2. 分析在 25 ℃，$p^{\ominus}$ 条件下，理想气体的摩尔体积是否与气体种类有关？

3. 道尔顿分压定律能否用于实际气体？为什么？

4. 在同温同压下，某实际气体的摩尔体积大于理想气体的摩尔体积，则该气体的压缩因子 Z 大于 1 还是小于 1？

5. 当某纯物质处于气液两相平衡时，不断升高平衡温度，此时气液两相摩尔体积如何变化？

6. 某气体状态方程为 $pV_m = RT + bp$（b 为大于 0 的常数）。分析该气体与理想气体有何不同。

二、计算题

1. 气柜内储存有 121.6 kPa，27 ℃的氯乙烯气体 300 m^3，求氯乙烯气体的密度和质量。设气体为理想气体。

2. 将上题气柜内所储存的氯乙烯气体以 90 kg/h 的流量输往使用车间，输完储存的气体要用多少小时？

3. 在 25 ℃，$p^{\ominus}$ 条件下，一空气样品体积为 1 dm^3。在此温度下将气体压缩至 100 cm^3，需要多大压力？

4. 有 1 dm^3 空气样品从 25 ℃开始冷却，为了将体积缩小至 100 cm^3，须冷却到什么温度？

5. 已知 CO_2 气体在 40 ℃时的摩尔体积为 0.381 dm^3/mol。设 CO_2 为范德华气体，试求其压力，并比较与实验值 5 066.3 kPa 的相对误差。

6. 在 273 K 时，1 mol $N_2(g)$ 的体积为 7.03×10^{-5} m^3。试用理想气体状态方程、范德华方程分别计算其压力，并比较所得数值的大小。已知实验值为 4.05×10^4 kPa，求两种方法的相对误差并分析产生误差的原因。

7. 在某水煤气样品中，各组分的质量分数分别为 $w(H_2) = 0.064$，$w(CO) = 0.678$，$w(N_2) = 0.107$，$w(CO_2) = 0.140$，$w(CH_4) = 0.011$。试计算：

（1）样品中各组分的摩尔分数；

（2）混合气体在 670 K，152 kPa 时的密度；

（3）各组分在 670 K，152 kPa 时的分压。

参 考 文 献

[1] 宋广治. 化学基本计算 [M]. 成都：四川人民出版社，1983.

[2] 天津大学物理化学教研室编. 物理化学 [M].5 版. 北京：高等教育出版社，2009.

[3] 彭笑刚. 物理化学讲义 [M].1 版. 北京：高等教育出版社，2017.

[4] 朱志昂，阮文娟. 物理化学学习指导 [M].1 版. 北京：科学出版社，2007.

[5] 张春红，徐晓冬，刘立佳. 高分子材料 [M]. 北京：北京航空航天大学出版社，2016.

[6] 张师愚，夏厚林. 物理化学 [M]. 北京：中国医药科技出版社，2014.

[7] 林树坤，卢荣. 物理化学 [M]. 武汉：华中科技大学出版社，2016.

[8] 郑桂富. 物理化学 [M]. 合肥：安徽大学出版社 ，2015.

第 2 章

热力学第一定律

§2.1 热力学第零定律

2.1.1 热力学的研究内容

物理化学中所提到的热力学，通常指的是经典热力学。热力学的研究对象是含有大量质点的宏观系统，其结论具有统计意义，不能用于描述单个的微观例子。热力学研究热、功和其他形式能量之间的相互转换及其转换过程中所遵循的规律；研究各种物理变化和化学变化过程中所发生的能量效应。在化学中，我们还利用热力学来研究化学变化的方向和限度。

热力学只考虑变化前后的净结果，而不考虑物质的微观结构和反应机理。对于化学而言，热力学只考虑平衡问题，它能判断变化能否发生以及进行到什么程度，但不考虑变化所需要的时间，也不关注反应的机理、速率和微观性质。所以，热力学只能判断变化发生的可能性，而不涉及如何实现，后者属于动力学的研究范畴。

当合成一个新产品时，首先要用热力学方法判断一下，在所处条件下该反应能否进行。若热力学认为不能进行（除非环境做功），就不必去浪费精力。热力学给出的反应限度，是理论上的最高值，只能设法尽量接近它，而不可能逾越它[①]。

练习5

热力学研究方法的特点和局限性是什么？

2.1.2 热力学第零定律[②]

温度是反映物体冷热程度的物理量。然而，冷和热只是一种直观感觉，单凭人的

[①] 沈文霞，王喜章，许波连. 物理化学核心教程［M］.3 版 . 北京：科学出版社，2017.
[②] 该定律比其他热力学定律更为基本，是其他热力学定律的基础，但因提出的时间比其他定律都晚，所以叫作热力学第零定律。

感觉，认为热的系统温度高，冷的系统温度低，这不但不能定量表示出系统的温度，有时甚至会得出错误的结论。因此，要定量表示出系统的温度，必须给温度一个严格的、科学的定义①。

假设有 A，B 两个系统，各自处在一定的平衡态。现使 A、B 两个系统相互接触，让两个系统之间发生传热（这种接触叫作热接触）。一般地，两个系统的状态都会发生变化。经过一段时间后，当两个相互接触系统的状态不再发生变化时，它们就处在一个新的共同的平衡态。由于这种平衡态是两个系统在发生传热的条件下达到的，所以叫作热平衡。

再考虑由 A，B，C 表示的三个系统。A，B 两个系统分别与 C 系统热接触，经过一段时间后，A 与 C 达到热平衡，B 与 C 也达到热平衡。然后让 A 和 B 热接触，则 A、B 两个系统的平衡状态不会发生变化。

实验结果表明：如果两个系统分别与第三个系统处于热平衡，那么这两个系统彼此也处于热平衡。这个结论称为热力学第零定律（也称为热平衡定律）。热力学第零定律说明，处在相互热平衡状态的系统必定拥有某一个共同的宏观物理性质②。若两个系统的这一共同性质相同，当两个系统热接触时，系统之间不会有热传导，彼此处于热平衡状态；若两个系统的这一共同性质不相同，两个系统热接触时就会有热传递，彼此的热平衡状态将会发生变化。我们定义这个决定系统热平衡的宏观性质为温度。也就是说，温度是决定一系统是否与其他系统处于热平衡的宏观性质。一切互为热平衡的系统都具有相同的温度。

热力学第零定律是热力学中的一条基本实验定律，其重要意义在于为建立温度概念提供了实验基础，它是用温度计测量温度的依据。

§2.2 热力学中的基本概念

2.2.1 系统和环境

整体由两部分构成：一部分是系统（又叫体系或物系），这是我们特别感兴趣的部分；另一部分是环境（又叫外界），我们在那里进行观察。环境是抽象出来的庞大物

---

① 杨建华，戴兵，秦玉明. 大学物理（上）［M］. 2 版. 苏州：苏州大学出版社，2016.

② 大量的实验事实表明，当系统处于平衡态时，我们总可以选择一些物理量来描述热力学系统的宏观性质。这些用来表征系统平衡宏观性质的物理量，称为状态参量（又称状态函数）。这些状态参量都是宏观量，可以通过实验直接测量。对于确定的平衡态，状态参量具有确定的值。例如，容器内当一定质量的理想气体处于平衡态时，系统的状态可以用气体的体积 V，压力 p 和温度 T 三个状态参量来描述。组成气体的微观粒子（分子、原子等）都有其大小、质量、速度、能量等属性。这些用来描述单个微观粒子运动状态的物理量称为微观量，这些微观量不能通过实验直接测量出来。微观量与宏观量之间有一定的内在联系。状态参量（状态函数）是物理化学中的一个重要概念，后续章节中还要经常遇到。并非所有的状态函数都可以测出其绝对数值的大小。

体，具有恒定的温度和压力，为系统的等温、等压过程提供客观条件。这两部分可以相互接触。

根据它们之间不同的接触关系，系统可以分为三类：当系统与环境之间既有物质交换，又有能量交换时，我们称之为敞开系统（或开放系统）；当系统与环境之间有能量交换而无物质交换时，我们称之为封闭系统；当系统与环境之间既无能量交换又而无物质交换时，我们称之为孤立系统（或隔离系统）。封闭系统和其环境一起，可以构成孤立系统。

2.2.2　状态和状态函数

状态在科学技术中指物质系统所处的状况。物质系统的状态由一组物理量来表征。例如，质点的机械运动状态由质点的位置和动量来确定；由一定质量气体组成的系统的热学状态由系统的温度、压力和体积来描述。在外界作用下，物质系统的状态将随时间而变化。状态一词也指各种聚集态，如物质的固、液、气等态[1]。

描述系统状态的物理量就是状态的性质。热力学用系统所有的性质来描述它所处的状态，即系统所有的性质确定后，系统就处于确定的状态。反之，系统状态的确定后，系统的所有性质均有确定值[2]。也即系统的各种性质随状态的确定而确定，与到达状态的过程无关。因此，系统的热力学性质又叫状态函数[3]。我们已经学过的温度 T，压力 p，体积 V，和将要学到的热力学能 U，焓 H，熵 S，亥姆霍茨函数 A 以及吉布斯函数 G 等都是状态函数。

热力学不能说明需要指明哪几个性质系统才处于定态。大量实验事实证明，对于没有化学变化的单组分均相封闭系统，只要指定两个强度性质，其他的强度性质也就确定了。如果再知道系统的总量，则所有的广度性质也就确定了。

状态函数的特点是：

（1）系统状态确定，状态函数有定值。

（2）系统的始、终态确定后，始、终态之间的状态函数改变值是一定的，与始、终态之间变化的具体途径无关。

（3）系统经过一系列变化后恢复到初始状态，状态函数也恢复为初始数值，即状态函数变化为 0。

---

① 《辞海》编辑委员会. 辞海：数学·物理·化学分册 ［M］. 上海：上海辞书出版社，1987.

② 这些确定值在理论上是一定的，但在实际中可能无法测量得到其绝对值。

③ 天津大学物理化学教研室编. 物理化学 ［M］. 5 版. 北京：高等教育出版社，2009.

（4）状态函数在数学上具有全微分[①]的性质，是单值、连续、可微的。

这些特点可以归纳为：异值同归，值变相等；周而复始，数值还原。

状态函数的和、差、积、商也是状态函数。系统有很多状态函数，它们之间互相关联。

2.2.3 状态函数的偏微商性质

状态函数有如下偏微商[②]性质：[③]

（1）对易关系，又称为欧拉关系式，即状态函数二阶偏导数与求导的顺序无关。如果状态函数 $Z = f(x, y)$，x，y 也是状态函数：

$$dZ = \left(\frac{\partial Z}{\partial x}\right)_y dx + \left(\frac{\partial Z}{\partial y}\right)_x dy \tag{2.1}$$

则有

$$\left[\frac{\partial}{\partial y}\left(\frac{\partial Z}{\partial x}\right)_y\right]_x = \left[\frac{\partial}{\partial x}\left(\frac{\partial Z}{\partial y}\right)_x\right]_y \tag{2.2}$$

（2）两边同除关系。若状态函数 Z 是 x，y 的函数，$Z = f(x, y)$，而 x，y 又是 w 的函数，x，y，w 也是状态函数：

$$dZ = \left(\frac{\partial Z}{\partial x}\right)_y dx + \left(\frac{\partial Z}{\partial y}\right)_x dy$$

在 w 不变时，两边同除以 dx，得

$$\left(\frac{\partial Z}{\partial x}\right)_w = \left(\frac{\partial Z}{\partial x}\right)_y + \left(\frac{\partial Z}{\partial y}\right)_x \left(\frac{\partial y}{\partial x}\right)_w \tag{2.3}$$

在 w 不变时，两边同除以 dy，得

---

① 对于自变量在点 (x, y) 处的改变量 Δx，Δy，函数 $z = f(x, y)$ 的全增量 $\Delta z = f(x + \Delta x, y + \Delta y) - f(x, y)$ 可以表示为：$\Delta z = A\Delta x + B\Delta y + o(\rho)$，其中 A，B 是 x，y 的函数，与 Δx，Δy 无关，$\rho = \sqrt{(\Delta x)^2 + (\Delta y)^2}$，$o(\rho)$ 表示比 ρ 高阶的无穷小量，则称函数 $z = f(x, y)$ 在点 (x, y) 可微。$A\Delta x + B\Delta y$ 称为函数 $z = f(x, y)$ 在点 (x, y) 的全微分，记作 dz 或 $d(f(x, y))$，即 $dz = d(f(x, y)) = A\Delta x + B\Delta y$。此时也称函数 $z = f(x, y)$ 在点 (x, y) 处可微。如果函数在区域 D 内各点处都可微，则称这个函数在 D 内可微。习惯上，可将自变量的增量 Δx，Δy 分别记作 dx，dy，并称它们为自变量 x，y 的微分，则函数 $z = f(x, y)$ 的全微分可写为：$dz = Adx + Bdy$。二元函数的全微分等于它的两个偏微分之和。状态函数的全微分性质表明，对于单组分均相系统，可任选两个状态函数来讨论其他状态函数的变化情况。

② 设 $z = f(x, y)$ 在点 (x_0, y_0) 的某邻域内有定义，固定 $y = y_0$，在 x_0 点给 x 以增量 Δx，若 $\lim\limits_{\Delta x \to 0} \dfrac{f(x_0 + \Delta x, y_0) - f(x_0, y_0)}{\Delta x}$ 存在，称极限值为 $z = f(x, y)$ 在 (x_0, y_0) 点关于 x 的偏导数（或称为偏微商），记作 $\dfrac{\partial z}{\partial x}\bigg|_{(x_0, y_0)}$ 或 $\dfrac{\partial f}{\partial x}\bigg|_{(x_0, y_0)}$。若 $z = f(x, y)$ 的偏导数存在，则称 $\dfrac{\partial z}{\partial x}dx$ 为函数关于 x 的偏微分，称 $\dfrac{\partial z}{\partial y}dy$ 为函数关于 y 的偏微分，记作：$d_x z = \dfrac{\partial z}{\partial x}dx$，$d_y z = \dfrac{\partial z}{\partial y}dy$。

③ 张德生，刘光祥，郭畅. 物理化学思考题 1 100 例［M］. 合肥：中国科学技术大学出版社，2012.

$$\left(\frac{\partial Z}{\partial y}\right)_w = \left(\frac{\partial Z}{\partial x}\right)_y\left(\frac{\partial x}{\partial y}\right)_w + \left(\frac{\partial Z}{\partial y}\right)_x \tag{2.4}$$

在 x 不变时，两边同除以 dw，得

$$\left(\frac{\partial Z}{\partial w}\right)_x = \left(\frac{\partial Z}{\partial y}\right)_x\left(\frac{\partial y}{\partial w}\right)_x \tag{2.5}$$

（3）连续关系式。对于状态函数 A，B，C，有

$$\left(\frac{\partial A}{\partial B}\right)_x = \left(\frac{\partial A}{\partial C}\right)_x\left(\frac{\partial C}{\partial B}\right)_x \tag{2.6}$$

（4）倒数关系式。对于状态函数 A，B，有

$$\left(\frac{\partial A}{\partial B}\right)_x = \frac{1}{\left(\dfrac{\partial B}{\partial A}\right)_x} \tag{2.7}$$

（5）循环关系式。对于状态函数 A，B，C，有

$$\left(\frac{\partial A}{\partial B}\right)_C\left(\frac{\partial B}{\partial C}\right)_A\left(\frac{\partial C}{\partial A}\right)_B = -1 \tag{2.8}$$

要确定一个物理量是否为状态函数，需要经过数学证明，其依据就是式（2.2）。

例 2.1 证明理想气体的摩尔体积是状态函数。

证明： 令 $V_m = f(T, p)$，因为理想气体 $V_m = \dfrac{RT}{p}$，所以

$$\left(\frac{\partial V_m}{\partial T}\right)_p = \frac{R}{p}, \left(\frac{\partial V_m}{\partial p}\right)_T = \frac{-RT}{p^2}$$

二阶偏导数分别为

$$\left[\frac{\partial}{\partial p}\left(\frac{\partial V_m}{\partial T}\right)_p\right]_T = \frac{-R}{p^2}, \left[\frac{\partial}{\partial T}\left(\frac{\partial V_m}{\partial p}\right)_T\right]_p = \frac{-R}{p^2}$$

即

$$\left[\frac{\partial}{\partial p}\left(\frac{\partial V_m}{\partial T}\right)_p\right]_T = \left[\frac{\partial}{\partial T}\left(\frac{\partial V_m}{\partial p}\right)_T\right]_p$$

所以理想气体摩尔体积 $V_m = f(T, p)$ 的二阶偏导数与求导顺序无关，符合式（2.2）给出的对易关系，所以理想气体的摩尔体积是状态函数。

练习6

1. 状态性质、状态变量、状态参数、状态函数的含义是否相同？

2. 系统的物理量是否都是状态函数？

3. 系统的状态函数是否只有温度 T，压力 p，体积 V，热力学能 U，焓 H，熵 S，亥姆霍茨函数 A 以及吉布斯函数 G 这8个？

> 4. p，V 是状态函数，证明二者乘积 pV 也是状态函数。

2.2.4 广度性质和强度性质

状态函数可分为广度性质和强度性质。广度性质又叫容量性质、广延性质、广度量或广延量，指系统中会和系统大小或系统中物质多少成比例改变的物理量，其数值与系统的物质的量成正比，如体积、质量、熵等。这种性质有加和性，在数学上是一次齐函数①。

强度性质又叫强度量，指系统中不随系统大小或系统中物质多少而改变的物理性质，强度性质是尺度不变的物理量。其数值取决于系统自身的特点，与系统的数量无关，不具有加和性，如温度、压力等。它在数学上是零次齐函数。指定了物质的量的广度性质就变为强度性质，如摩尔热容②。

2.2.5 热力学平衡态

在一定条件下，当系统各相的诸性质不随时间而改变，且将系统与环境隔离后，系统性质仍不改变，我们就说系统处于热力学平衡态。它包括以下四种平衡：

（1）热平衡。系统各部分温度相等。如果有绝热壁存在，虽然壁两侧温度不等，只要两侧各自保持热平衡，系统也处于热平衡。

（2）力平衡。系统各部的压力都相等，边界不再移动。如果有刚性壁存在，虽然壁两侧压力不等，只要两侧各自保持力平衡，系统也处于力平衡。

（3）相平衡。多相共存时，各相的组成和数量不随时间而改变。

（4）化学平衡。反应系统中各物质的数量不再随时间而改变。

2.2.6 过程和途径

在一定的环境条件下，系统发生了一个从始态到终态的变化，称为系统发生了一个热力学过程。常见的过程有 pVT 过程、相变过程和化学变化过程。从始态到终态所具体经历的步骤称为途径。同一个变化过程，可以由不同的途径来完成。而状态函数的变化量只与始终态有关，与具体的途径无关。

常见过程有：

---

① 函数 $f(x_1，x_2，\cdots\cdots，x_r)$ 中各独立变量的量纲均相同（即同属性）时称该函数为齐次函数。对于多元函数 $f(x_1，x_2，\cdots\cdots，x_r)$，当每个独立变量的自变量增加 λ 倍时（λ 为任意值），若满足 $f(\lambda x_1，\lambda x_2，\cdots\cdots，\lambda x_r) = \lambda^m f(x_1，x_2，\cdots\cdots，x_r)$，则称原函数 $f(x_1，x_2，\cdots\cdots，x_r)$ 是自变量 x_i 的 m 阶齐次函数。$m = 1$ 为一次齐函数，$m = 0$ 为零次齐函数。

② 物质的量本身就是广度性质，所以广度性质除以广度性质，一定得到强度性质。而广度性质除以强度性质，结果还是广度性质。

（1）等温过程。系统始态温度与终态温度相等，并等于环境温度的过程，即 $T_i = T_f = T_{sur} = $ 定值。变化过程中，系统温度可以发生波动或保持不变，但环境温度始终保持恒定[①]。

（2）等压过程。系统始态压力与终态压力相等，并等于环境压力的过程，即 $p_i = p_f = p_{sur} = $ 定值。变化过程中，系统压力可以发生波动或保持不变，但环境压力始终保持恒定[②]。等压过程和等外压过程是不一样的，等外压过程中，系统的始态压力不一定等于终态压力。

（3）等容过程。系统与环境之间不发生相对位移、不做体积功的过程，即 $dV = 0$。在刚性容器中发生的过程可看作等容过程[③]。

（4）绝热过程。系统和环境之间没有热交换的过程，即 $Q = 0$。系统与环境之间有绝热壁存在，或变化太快、来不及发生热交换的过程，都是绝热过程。

（5）循环过程。系统从始态出发，经过一系列变化又回到始态的过程。循环过程中所有状态函数的变化值都等于 0，即 $\oint dZ = 0$。

练习 7

判断下列说法是否正确：

1. 状态确定后，状态函数都确定，反之亦然；

2. 状态函数改变后，状态一定改变；

3. 状态改变后，状态函数一定都改变。

§2.3　功、热和热力学能

2.3.1　功

如果一个过程能用来使环境中某处的重物高度发生改变，就是做功。环境中重物升高，是系统对环境做了功；重物降低，则是环境对系统做了功。能量就是做功的能

---

① 恒温过程也是一种经常被提到的过程，该过程和等温过程的区别可以这样认为：恒温过程要求过程中系统温度始终恒定不变，且等于环境温度。等温过程只强调系统始态和终态温度相等，且等于环境温度。但是对于热力学而言，关注点在于系统始终态之间的变化，并不关心变化的具体细节，所以除非必要，不需要刻意区分等温过程和恒温过程。

② 与等压过程相对应的还有恒压过程。恒压过程要求过程中系统压力始终恒定不变，且等于环境压力。如①中所注，除非必要，不需要刻意区分等压过程和恒压过程。

③ 恒容过程也常被提到，其定义和等容过程一样。

力。功是在环境中可以察觉的效应，符号为 W[①]。

当物体反抗一个力 $F(z)$，沿途径移动了距离 dz，则对物体所做的功 dW 为[②]

$$dW = -F(z)\,dz \tag{2.9}$$

积分可得

$$W = -\int_{Z_i}^{Z_f} F(z)\,dz \tag{2.10}$$

功有多种存在形式。在热力学中，由于系统体积的变化而与环境之间交换的功称为体积功、膨胀功或 pV 功，用 W_e 表示（为简便计，常忽略其下标）。电功、表面功等其他功称为非体积功，用 W_f 表示。各种形式的功都等于力及其在力的方向上运行的距离的乘积[③]。体积功本质上就是机械功。假想一个充满气体的气缸[④]，其体积为 V，受热后膨胀了 dV。气缸上有一个无质量、无摩擦、刚性且完全紧密配合的活塞。气缸膨胀使得活塞产生 dl 的位移。假定活塞面积为 A，则 $dl = dV/A$。气体膨胀时所反抗的外力 F 来源于作用在活塞上的外压 $p_{外}$，$F = p_{外} A$。代入式（2.9）可得

$$dW = -Fdl = -p_{外}\,dV \tag{2.11}$$

积分为

$$W = -\int_{V_i}^{V_f} p_{外}\,dV \tag{2.12}$$

式中，V_i 和 V_f 分别为气体的始态体积和终态体积，积分结果由 $p_{外}$ 和 V 的具体函数关系确定。

式（2.11）就是体积功的定义式，它表示环境对系统所做的功，需要牢牢记住。

由式（2.11）还可以知道，功不是状态函数，因为其定义式里出现了环境压力 $p_{外}$，而 $p_{外}$ 并不是系统的性质，这是一个和途径有关的物理量。因此，功是途径函数[⑤]，其数值与过程的具体途径有关。

当气缸内气体压力（即系统压力）$p < p_{外}$ 时，系统被压缩，体积会缩小，直到 $p = p_{外}$。因为 $dV < 0$，所以该过程的 $dW > 0$（$p_{外}$ 不可能小于 0），系统得到了环境对它所做的功，系统能量增加。反之，当系统压力 $p > p_{外}$ 时，系统会膨胀，体积会增大，直到 $p = p_{外}$。因为 $dV > 0$，所以该过程的 $dW < 0$，系统对环境做功，系统能量减少。功的正负号的规定就是从这里来的：环境对系统做功，系统得到功，能量增加，规定为正号；

---

① 阿特金斯 P W. 物理化学［M］. 天津大学物理化学教研室，译. 北京：高等教育出版社，1990.

② 大部分物理化学教材认为，因为功或者热不是状态函数，没有全微分的性质，所以，不宜用 dW 或 dQ 来表示其微小量，而应用 δW 或 δQ 来表示，以示区别。实际上，这种区别意义不大，还增添了一些额外的麻烦。物理教材上一般对此并不做区分，都用 dW 或 dQ。即使在数学上，虽然给出了全微分的表达式，但是并没有反过来说，不是全微分，不可以用"d"这个符号。本书中无论是否为状态函数，其微小量均用"d"来标示。

③ 高静. 物理化学［M］. 北京：中国医药科技出版社，2016.

④ 液体和固体也可以，但气体更为方便。

⑤ 在求各种热力学函数时，通常需要作路径积分。若积分结果与路径无关，该函数称为状态函数，状态函数的变化值只取决于系统的始态和终态，与中间变化过程无关。而途径函数则需要知道具体的积分路径，通常路径不同时结果也不同。

系统对环境做功，能量减少，规定为负号。

不同情况下的体积功如下：

（1）真空自由膨胀。因为环境是真空，所以 $p_{外} = 0$，$\mathrm{d}W = 0$，$W = 0$。气体在真空自由膨胀时不做功。

（2）反抗恒外压膨胀。在对抗恒外压 $p_{外}$ 的条件下，气体体积由 V_i 膨胀到 V_f，环境对系统所做的功为

$$W = -\int_{V_i}^{V_f} p_{外} \, \mathrm{d}V = -p_{外}(V_f - V_i) = -p_{外} \Delta V \tag{2.13}$$

（3）可逆膨胀。在热力学中，可逆变化指变量无限小的改变就能使方向逆转的变化。它是在无限接近平衡的条件下进行的过程。气体发生可逆膨胀，只要外压增加无限小，就会超过内压，气体就会被压缩。封闭气体发生可逆膨胀，必须保证在膨胀的每一步，外压都比内压低无限小，而内压又在不断变化之中。令 $p_{外} = p_{内} - \mathrm{d}p$，则

$$\mathrm{d}W = -p_{外} \, \mathrm{d}V = -(p_{内} - \mathrm{d}p)\mathrm{d}V = -p_{内} \, \mathrm{d}V + \mathrm{d}p\mathrm{d}V \tag{2.14}$$

$\mathrm{d}p\mathrm{d}V$ 是二阶无穷小量，可以舍弃，于是得到

$$\mathrm{d}W = -p_{内} \, \mathrm{d}V \tag{2.15}$$

积分得到

$$W = -\int_{V_i}^{V_f} p_{内} \, \mathrm{d}V \tag{2.16}$$

式中，V_i 和 V_f 分别为气体的始态体积和终态体积，积分结果由 $p_{内}$ 和 V 的具体函数关系确定[①]。如果气体是理想气体，恒温时有

$$W = -\int_{V_i}^{V_f} p_{内} \, \mathrm{d}V = -\int_{V_i}^{V_f} \frac{nRT}{V}\mathrm{d}V = -nRT\int_{V_i}^{V_f} \frac{1}{V}\mathrm{d}V = -nRT \ln \frac{V_f}{V_i} \tag{2.17}$$

式（2.17）就是理想气体的恒温可逆体积功。当 $V_f > V_i$ 时，$\dfrac{V_f}{V_i} > 1$，$\ln \dfrac{V_f}{V_i} > 0$，$W < 0$（nRT 不可能小于 0），意味着环境对系统做了负功，也就是膨胀时系统对环境做了功。

功的大小可以由 $p - V$ 图（示功图）展示出来。恒温可逆膨胀时，系统对环境做最大功；恒温可逆压缩时，环境对系统做最小功。

可逆过程的特点是：状态变化时推动力与阻力相差无限小，系统与环境始终无限接近于平衡态，可逆过程由一系列连续的、渐变的平衡态构成[②]；过程中的任何一个中间态都可以从正、逆两个方向到达；系统变化一个循环后，系统和环境均恢复原态，变化过程中无任何耗散效应。

特别要强调的是，功是系统与环境之间传递的能量，其数值与具体的变化途径相

----

① 如何把 $p_{外}$ 变成 $p_{内}$，这一步非常重要。

② 可逆过程所经历的每一微小变化都在平衡态之间进行，这些平衡态之间的过程也叫准静态过程；可逆过程就是无摩擦的准静态过程。

联系。功是大量分子有序运动的一种表现，是一种高品位的能量。

例 2.2　1 mol 理想气体在恒定压力下温度升高了 1 ℃，求过程中系统与环境交换的功。

解：这是一个恒外压过程，环境对系统所做的功为

$$W = -p\Delta V = -nR\Delta T = -1 \times 8.314 \times 1 \text{ J} = -8.314 \text{ J}$$

答：该过程中系统与环境交换的功为 -8.314 J，即系统对环境做功 8.314 J。

练习8

1. 1 mol 水蒸气在 100 ℃，$p^{\ominus}$ 下全部凝结成液态水，求过程的功。相对于水蒸气的体积，液态水的体积可忽略不计。

2. 25 ℃时在恒定压力下电解 1 mol 液态水，求过程的体积功。相对于气体体积，液态水的体积可以忽略不计。

3. 分析等压条件下气体能否被膨胀或压缩。

2.3.2　热

实验表明，系统的能量（即它的做功能力）可以通过做功以外的方式来改变[1]。当系统和环境之间有温度差时，如果它们处于热接触的状况，系统能量就会改变。由于温差而引起能量改变时，就产生了热的流动。我们把系统与环境之间因温差或发生相变、化学反应等原因而传递的能量称为热，用符号 Q 表示。Q 的正负号规定为：系统吸热，能量增加，$Q > 0$；系统放热，能量减少，$Q < 0$[2]。因存在温差而传递的热叫作显热，因发生相变而传递的热叫作潜热。

热和功都可以改变系统的能量，它们是等价的，是能量的两种形式。通常我们把除热之外的其他能量形式都叫做功。

热和功一样，也是途径函数。热同样是系统与环境之间传递的能量，它的数值与具体的变化途径相联系。系统进行不同过程所伴随的热，其名称也各有不同，如混合热、溶解热、稀释热、蒸发热、反应热等。热是大量分子无序运动的一种表现，是一种低品位的能量。

2.3.3　热力学能

系统的热力学能（以前称为内能）是指系统内部所有粒子全部能量的总和，包括

---

① 阿特金斯 P W. 物理化学 [M]. 天津大学物理化学教研室，译. 北京：高等教育出版社，1990.

② 功和热都是标量，其正负号的规定通常遵循如下规则：凡有利于系统能量增加的，规定为正；不利于系统能量增加的，规定为负。

分子运动的平动能、分子内的转动能、振动能、电子能、核能以及各种粒子之间的相互作用位能等。热力学能的符号为 U，单位为 J，属于广度性质。

实验证明，在绝热条件下，当物质的量一定的系统[①]从一个状态变化到另一个状态时，其所做的功数量相同[②]。这暗示了存在一个系统的状态函数，它在两个状态间的差值等于绝热功的大小，我们用 U 来表示这个状态函数，U_i 和 U_f 表示它的始末态，W_{ad} 表示绝热功，有

$$\Delta U = U_f - U_i = W_{ad} \tag{2.18}$$

这就是热力学能的来源，其绝对值无法测量，我们只能知道热力学能在两个状态之间的差值 ΔU——这也正是热力学所关心的。

假定系统沿着一条非绝热途径在和前述同样的始终态之间变化，显然，ΔU 和沿着绝热途径变化时是相同的，因为热力学能是状态函数，其差值只和始终态有关，和途径无关。定义绝热功 W_{ad} 和非绝热功 W 之差为过程中所吸的热 Q：

$$Q = W_{ad} - W \tag{2.19}$$

式（2.19）是热的机械定义，也就是最基本的定义。

§2.4 热力学第一定律

2.4.1 热力学第一定律的数学表达式

以下我们将推导得到热力学第一定律。从式（2.19）出发，因为 $\Delta U = W_{ad}$，所以可以很容易得到

$$Q = \Delta U - W \tag{2.20}$$

即

$$\Delta U = Q + W \tag{2.21}$$

式（2.21）即热力学第一定律在封闭系统中的数学表达式。封闭系统和环境可以一起构成孤立系统，孤立系统和外界没有任何能量交换，所以一定有 $\Delta U = Q + W = 0$。因此，热力学第一定律又被称为孤立系统的能量守恒定律。

强调一下，把热力学第一定律写成 $\Delta U = Q + W$ 的数学形式是基于我们对热和功的正负号的规定：凡是有利于系统能量增加的，规定为正；凡是不利于系统能量增加的，规定为负。因此，系统吸热为正，放热为负；环境对系统做功为正，系统对环境做功为负[③]。我们所关注的研究对象是系统，ΔU 是系统的能量变化，因此在式（2.21）里，Q 指系统所吸的热（负值表示实际上系统放了热），W 指系统所得到的环境对它做

---

① 该系统和外界有能量交换而没有物质交换，是一个封闭系统。
② 这本身也是热力学第一定律的一种表述。
③ 如果热和功正负号的规定与此不同，则热力学第一定律的表达式也有所不同。

的功（负值表示实际上系统对环境做了功）。

2.4.2 热力学第一定律的文字表述

热力学定律通常都有不止一种文字表述，热力学第一定律也不例外。一些常见的关于热力学第一定律的文字表述有：

（1）当封闭系统沿着绝热途径从一个状态变化到另一个状态时，不论使用什么方法，其所做的功都相同。

（2）一个孤立系统的能量是恒定的。

（3）第一类永动机是不可能制成的。

前两种说法我们已经介绍过了，下面介绍一下第三种说法。第一类永动机是这样的一种机器，它不消耗能量而能持续对外做功。这是违反热力学第一定律的。机器的运转是周而复始的，运转一周，必有 $\Delta U = 0$（热力学能是状态函数）。不消耗能量，也就是不需要外界提供能量，则 $Q = 0$，于是必有 $W = 0$，机器不可能对外做功。所以第一类永动机是不可能制成的。

特别要注意的是，热力学第一定律研究的是系统与环境之间的能量交换。对于孤立系统，$Q = 0$，$W = 0$，$\Delta U = 0$[①]。

在热力学中，将由一系列无限接近平衡的状态所组成的、中间每一步都可以向相反方向进行而不在环境中留下任何其他痕迹的过程称为可逆过程。对于理想气体可逆循环，完成一个循环后，热力学能的变化量为 0，根据式（2.17），因为 $V_i = V_f$，所以 $W_r = 0$[②]；由热力学第一定律可知，$Q_r = 0$。也就是说，经过可逆循环后，不但系统没有发生变化（$\Delta U = 0$），环境也没有发生可以觉察的变化（$W_r = 0$，$Q_r = 0$）。换句话说，经过可逆循环后，系统和环境都恢复了原状，没有留下任何痕迹。

对于理想气体的不可逆循环过程，假定先膨胀后压缩，发生膨胀时，外压等于系统的终态压力；压缩时，外压一次性升到系统的始态压力。在整个循环过程中的功为

$$W_{ir} = \oint -p_{外} \, dV = (p_{外,压缩} - p_{外,膨胀})(V_f - V_i) \tag{2.22}$$

因为压缩过程中的外压 $p_{外,压缩}$ 总是大于膨胀过程中的外压 $p_{外,膨胀}$，所以，式（2.22）说明，不可逆循环过程中的功总是大于 0 的，不论系统先膨胀还是先压缩。由于热力学能是状态函数，$\Delta U = 0$，所以必然有

$$Q_{ir} = -W_{ir} = -(p_{外,压缩} - p_{外,膨胀})(V_f - V_i) < 0 \tag{2.23}$$

式（2.23）说明，如果始态温度和终态温度相等，那么，在任何一个理想气体不可逆循环过程中，不论先膨胀还是先压缩，系统都要对环境放热，即 $Q_{ir} < 0$。

---

① 热和功是途径函数，依赖于途径才有意义。其符号本身就有过程的含义，不需要在前面加表示变量的"Δ"符号。切记不要把热和功写成 ΔQ 和 ΔW。

② 本书中，下标 r 表示可逆过程，ir 表示不可逆过程。

现在我们得到的关于理想气体不可逆循环过程的总结果是：在系统不发生变化（$\Delta U = 0$）的前提下，环境对系统做的功（$W_{ir} > 0$）变成了环境的热（$Q_{ir} < 0$）[1]。而这些热是无法再转化为功的，这是该循环不可逆的本质原因[2]。做功过程的不可逆源于过程中产生了不可回收的热。也就是说，完成这一循环之后，系统虽然复原了，在环境中却留下了不可磨灭的印迹。

例 2.3　已知 1 mol $CaCO_3(s)$ 在 900 ℃，$p^\ominus$ 下分解为 $CaO(s)$ 和 $CO_2(g)$，过程中吸热 178 kJ，计算该过程的热、功和热力学能变[3]。

解：$CaCO_3(s) \longrightarrow CaO(s) + CO_2(g)$

在定压条件下，根据式（2.13），有

$$W = -p_{外}\Delta V = -p_{外}\{V_m[CaO(s)] + V_m[CO_2(g)] - V_m[CaCO_3(s)]\}$$
$$\approx -p_{外}V_m[CO_2(g)]$$

此时 CO_2 可当成理想气体，有 $p_{外}V_m[CO_2(g)] = RT$，所以

$$W = -p_{外}V_m[CO_2(g)] = -RT = -8.314 \times (273.15 + 900)\ J = -9\ 549\ J$$
$$= -9.549\ kJ$$

$$Q = 178\ kJ$$

$$\Delta U = Q + W = [178 + (-9.549)]\ kJ = 168\ kJ$$

答：该过程的功为 -9.549 kJ，热为 178 kJ，热力学能变为 168 kJ。

练习 9

1. 讨论一下，化学反应中的可逆反应，是否就是热力学中的可逆过程？

2. "可逆过程一定是循环过程，循环过程一定是可逆过程"，该说法正确否？为什么？

3. "不可逆变化是指经过此变化后，系统不能复原的变化"。这句话是否正确？

4. 298.15 K 下，5 g 固体 CO_2 在 100 cm^3 容器中分别通过下述过程全部挥发，计算气体膨胀到 $p^\ominus$ 过程中所做的功、热和热力学能变化。

(1) 反抗 $p^\ominus$ 的压力作等温膨胀；

(2) 等温可逆膨胀[4]。

---

[1] 彭笑刚. 物理化学讲义 [M]. 1 版. 北京：高等教育出版社，2017.

[2] 正如前边讲过的，功是高品位的能量，而热是低品位的能量。高品位的能量可以自发转化为低品位的能量，低品位的能量无法自发转化为高品位的能量。

[3] "热力学能变"就是"ΔU"，这是一种习惯叫法。后面遇到的"函数变"的叫法也都类似。

[4] 通过这道题目，可以深刻地理解功是系统和环境所交换的一种能量。在气体膨胀到大于 100 cm^3 之前，因为没有发生膨胀或压缩，这一阶段的体积功就是 0。只有系统发生了膨胀或压缩，才会产生体积功。所以对于这道题目来说，系统发生膨胀的初始体积就是 100 cm^3，而不是 0 cm^3。

§2.5 焓和反应进度

热化学是物理化学的一个分支，主要研究化学反应及其相关物理过程中的热效应。1780 年，拉瓦锡[①]和拉普拉斯[②]就用冰量热计进行过热化学测量工作。1840 年，盖斯发现了盖斯定律。这些都为热力学的建立和发展奠定了基础。热力学第一定律建立之后，热化学中的一些规律（如盖斯定律）就成了热力学第一定律的必然推论。因此，热化学本质上就是热力学第一定律在化学中的具体应用[③]。

2.5.1 焓

从热力学第一定律出发，我们可以得到两个重要推论[④]。

推论 I：若封闭系统经历了一个等容过程，且不做非体积功，有

$$dU = dQ_V \tag{2.24}$$

或

$$\Delta U = Q_V \tag{2.25}$$

式中，Q_V 指等容过程中系统吸收的热量，叫作等容热效应，简称等容热[⑤]。推论 I 表明，封闭系统不做非体积功时，等容过程吸收的热量等于系统热力学能的增量。

推论 II：若封闭系统经历了一个等压过程，$p_{外} = p$，且不做非体积功，有

$$dU = dQ_p + dW = dQ_p - p_{外} dV = dQ_p - d(pV) \tag{2.26}$$

移项可得

$$dQ_p = dU + d(pV) = d(U + pV) \tag{2.27}$$

已知 U，p 和 V 都是状态函数，所以 $U + pV$ 也是一个状态函数[⑥]。定义

$$H = U + pV \tag{2.28}$$

来表示这个状态函数，并称其为焓，则式（2.27）也可以表示为

---

① 拉瓦锡（Antoine – Laurent de Lavoisier，1743.8.26—1794.5.8），法国著名化学家，史上最伟大的化学家之一，也被称为"近代化学之父"。他使化学从定性转为定量、命名了氧与氢、提出了物质的系统命名法并沿用至今。他于 1789 年发表了第一个现代化学元素列表，倡导和改进了定量分析方法并用其验证了质量守恒定律。他创立了氧化学说以解释燃烧等实验现象，指出动物的呼吸实质上是缓慢氧化，从而彻底埋葬了流行科学界二百年的燃素学说。法国大革命期间，拉瓦锡被革命法庭判处死刑，送上了断头台。他的好友、法国著名数学家拉格朗日（Joseph – Louis Lagrange，1736.1.25—1813.4.10）痛心地说："他们可以一瞬间就把他的头砍下来，但他那样的头脑一百年也长不出一个。"

② 拉普拉斯（Pierre – Simon Laplace，1749.3.23—1827.3.5），法国数学家、天文学家，法国科学院院士。他是天体力学的主要奠基人、分析概率论的创始人和天体演化学的创立者之一。

③ 汪存信，宋昭华，屈松生. 物理化学（热力学·相平衡·统计热力学）[M].1 版. 武汉：武汉大学出版社，2006.

④ 刘国杰，黑恩成. 物理化学导读 [M]. 北京：科学出版社，2008.

⑤ 在变化过程中，系统保持体积不变，与环境之间传递的热量，称为等容热。

⑥ 状态函数的和差积商都是状态函数，这点不妨自己证明一下。

$$dH = dQ_p \tag{2.29}$$

或

$$\Delta H = Q_p \tag{2.30}$$

式中，Q_p 指等压过程中系统吸收的热量，叫作等压热效应，简称等压热[①]。推论 Ⅱ 表明，封闭系统不做非体积功时，等压过程吸收的热量等于系统焓的增量。

这两个推论既适用于组成不变的均相系统，也适用于有相变化和化学变化的系统。

从推论 Ⅱ 中得到了一个新的状态函数：焓。焓是由热力学第一定律派生出来的，它具有能量的单位，但不是能量，不遵守能量守恒定律。焓的特点为：

（1）和热力学能一样，焓的绝对值也无法测量；

（2）焓是状态函数，是系统的广度性质，可以进行全微分。

式（2.28）是焓的定义式，其中 p 为系统的压力。该定义适用于任何物质，并不局限于理想气体。

当热在等压下传入系统时，并非全部保留在系统内以增加系统的热力学能，其中一部分作为功返回了环境。因此，ΔH 和 ΔU 是不一样的，两者的差就是等压条件下系统体积变化时所做的功。

例 2.4　在 $p^{\ominus}$ 下使水沸腾，从 12 V 电源导出的 0.50 A 电流通过与水有热交换的电阻，通电 5 min 后有 0.798 g 水被蒸出并冷凝。计算在沸点（373.15 K）下水蒸发的摩尔热力学能变 ΔU_{vap} 和摩尔蒸发焓 ΔH_{vap}。已知水的摩尔质量为 18.02 g/mol。假设气体是理想气体。

解： 蒸出水的物质的量为 $n = (0.798 \div 18.02)\ \mathrm{mol} = 0.044\ 3\ \mathrm{mol}$

所求过程为 $H_2O\ (l) \rightarrow H_2O\ (g)$，这是一个等外压过程。

按照热力学第一定律，有 $\Delta U = Q_{vap} + W_{vap}$

蒸发时所吸的热 Q_{vap} 等于对电阻所做的电功（电功 = 电流 × 电压 × 时间），即

$Q_{vap} = IEt = (0.50 \times 12 \times 5 \times 60)\ \mathrm{J} = 1.8 \times 10^3\ \mathrm{J}$

蒸发时所做的功等于等压下水从液体变成蒸气时所做的膨胀功（膨胀功 = − 外压 × 系统体积差），而蒸气体积远大于液态水体积，两者之差近似为蒸气体积，即

$W_{vap} = -p\Delta V = -p\left[V(g) - V(l)\right] \approx -pV(g)$

由于蒸气是理想气体，有 $pV\ (g) = nRT$，所以有

$W_{vap} = -nRT = -0.044\ 3 \times 8.314 \times 373.15 = -137\ \mathrm{J}$

$\Delta U = Q_{vap} + W_{vap} = (1.8 \times 10^3 - 137)\ \mathrm{J} = (1.8 \times 10^3 - 0.137 \times 10^3)\ \mathrm{J} = 1.6 \times 10^3\ \mathrm{J}$

$\Delta H = \Delta U + \Delta\ (pV) = \Delta U + p\Delta V = \Delta U - W_{vap} = Q_{vap} = 1.8 \times 10^3\ \mathrm{J}$

于是

---

①　在变化过程中，系统保持压力不变且等于外压，与环境之间传递的热量，称为等压热。

$$\Delta U_{\mathrm{m,vap}} = \frac{\Delta U}{n} = \frac{1.6 \times 10^3}{0.044\,3}\ \mathrm{J/mol} = 3.6 \times 10^4\ \mathrm{J/mol} = 36\ \mathrm{kJ/mol}^①$$

$$\Delta H_{\mathrm{m,vap}} = \frac{\Delta H}{n} = \frac{1.8 \times 10^3}{0.044\,3}\ \mathrm{J/mol} = 4.1 \times 10^4\ \mathrm{J/mol} = 41\ \mathrm{kJ/mol}$$

练习 10

在一个带有理想绝热活塞（无摩擦无质量）的绝热气缸内装有氮气，气缸内壁绕有电阻丝，但导线是绝热的。当通电时，气体将对抗外压 $p = p^\ominus$ 而膨胀。分别讨论在下列不同情况下结论是否正确并阐述理由：

(1) 将气体作为系统；

(2) 将气体与电阻丝作为系统。

由于是等压过程，所以系统的 $\Delta H = Q_p$，又由于过程绝热，所以 $Q_p = 0$。于是结论为过程中系统的焓变为 0[②]。

2.5.2 反应进度

在化学反应中，将满足质量守恒定律的化学反应方程式称为化学反应计量方程式。在热力学计算中，所涉及的化学反应方程式都必须满足质量守恒定律，因此下面所涉及的化学反应方程式都是化学反应计量方程式[③]。

对任意化学反应

$$a\mathrm{A} + d\mathrm{D} = g\mathrm{G} + h\mathrm{H} \tag{2.31}$$

将反应物移至等号右边，可得

$$0 = g\mathrm{G} + h\mathrm{H} - a\mathrm{A} - d\mathrm{D} = \sum \nu_B \mathrm{B} \tag{2.32}$$

式中，B 代表该化学反应中任一反应物或生成物；ν_B 叫作物质 B 的化学计量系数，其量纲为 1，对反应物取负值，对生成物取正值。

例 2.5 化学反应 $CH_4(g) + 2O_2(g) =\!=\!= CO_2(g) + 2H_2O(l)$ 中各物质的化学计量系数分别是？

答：各物质的化学计量系数分别是 $\nu(CH_4) = -1$，$\nu(O_2) = -2$，$\nu(CO_2) = 1$，$\nu(H_2O) = 2$。

为了表示化学反应在某一时刻进行的程度，需要引进一个重要物理量——反应进

---

① 单位和数值应尽量匹配，选取过小的单位，数值就会太大；选取过大的单位，数值就会过小。比起焦耳，能量另一个更常用的单位是千焦。

② 推论Ⅱ告诉我们，只有当封闭系统不做非体积功时，等压过程吸收的热量才等于系统焓的增量。所以这道题目的关键在于判断系统和环境之间是否交换了非体积功。

③ 龚淑华. 无机及分析化学 [M]. 2版. 北京：中国农业出版社，2013.

度。反应进度以符号 ξ 表示，它与物质的量 n 具有相同的量纲，其单位为 mol[①]。ξ 是不同于物质的量的一个新物理量，其定义如下：

对任意化学反应

$$aA \quad + \quad dD \quad = \quad gG \quad + \quad hH \tag{2.33}$$

$t = t_1$ 时刻各物质的量，$\quad n_1(A) \quad n_1(D) \quad n_1(G) \quad n_1(H)$

$t = t_2$ 时刻各物质的量，$\quad n_2(A) \quad n_2(D) \quad n_2(G) \quad n_2(H)$

有

$$\xi = \frac{n_2(A) - n_1(A)}{\nu_A} = \frac{n_2(D) - n_1(D)}{\nu_D}$$

$$= \frac{n_2(G) - n_1(G)}{\nu_G} = \frac{n_2(H) - n_1(H)}{\nu_H} \tag{2.34}$$

式中，$\nu_A = -a$，$\nu_D = -d$，$\nu_G = g$，$\nu_H = h$。

式（2.34）可写为

$$\xi = \frac{n_2(B) - n_1(B)}{\nu_B} \tag{2.35}$$

式中，B 代表该化学反应中任一反应物或生成物，ν_B 为物质 B 的化学计量系数，ξ 为该反应的反应进度。对式（2.35）取微分可得

$$d\xi = \frac{dn_B}{\nu_B} \tag{2.36}$$

引入反应进度最大的优点是，在反应进行到任意时刻时，可用任一反应物或任一生成物来表示反应进行的程度，所得的值总是相等的，即

$$\xi = \frac{\Delta n_A}{\nu_A} = \frac{\Delta n_D}{\nu_D} = \frac{\Delta n_G}{\nu_G} = \frac{\Delta n_H}{\nu_H} \tag{2.37}$$

或

$$d\xi = \frac{dn_A}{\nu_A} = \frac{dn_D}{\nu_D} = \frac{dn_G}{\nu_G} = \frac{dn_H}{\nu_H} \tag{2.38}$$

当反应按计量方程式的系数比例进行了一个单位的化学反应时，我们说，这时反应进度为 1 mol。

例 2.6　3 mol O_2 和 4 mol H_2 混合，生成 2 mol $H_2O(g)$，分别以如下两个反应方程式计算反应进度：

（1）$\frac{1}{2}O_2(g) + H_2(g) \Longrightarrow H_2O(g)$；

（2）$O_2(g) + 2H_2(g) \Longrightarrow 2H_2O(g)$。

---

① 在 SI 中，反应进度的单位是 mol，它不是一个纯数。有时候会在一些书上看到 $\xi = 1$ 的表述，那是错误的。正确的说法是：$\xi = 1$ mol。

解：对于反应方程式（1）

$$\frac{1}{2}O_2(g) \quad + \quad H_2(g) \quad = \quad H_2O(g)$$

$$n(O_2)/mol \qquad n(H_2)/mol \qquad n(H_2O)/mol$$

$t=0，\xi=0，\qquad 3 \qquad\qquad 4 \qquad\qquad 0$

$t=t，\xi=\xi(1)，\qquad 2 \qquad\qquad 2 \qquad\qquad 2$

则反应进行到 t 时刻的反应进度为

$$\xi(1) = \frac{\Delta n_{O_2}}{\nu_{O_2}} = \frac{(2-3)\,mol}{-\dfrac{1}{2}} = 2\ mol$$

对于反应方程式（2）

$$O_2(g) \quad + \quad 2H_2(g) \quad = \quad 2H_2O(g)$$

$$n(O_2)/mol \qquad n(H_2)/mol \qquad n(H_2O)/mol$$

$t=0，\xi=0，\qquad 3 \qquad\qquad 4 \qquad\qquad 0$

$t=t，\xi=\xi(2)，\qquad 2 \qquad\qquad 2 \qquad\qquad 2$

则反应进行到 t 时刻的反应进度为

$$\xi(2) = \frac{\Delta n_{O_2}}{\nu_{O_2}} = \frac{(2-3)\,mol}{-1} = 1\ mol$$

答：在两种方程式下，反应进度分别为 2 mol 和 1 mol。

从例 2.6 可以看出，同一反应中，各物质的反应进度是相同的[①]。而对于同一反应，如果反应方程式写法不同，则反应进度不同。反应进度是依赖于具体的反应方程式的。

[①] 可尝试用 H_2 和 H_2O 的数据进行计算，结果是一样的。这就是引入反应进度的原因和意义所在。

第 2 章　习　　题

一、思考题

1. 对于一定量的理想气体，下列过程是否能发生？为什么？

（1）恒温下绝热膨胀；

（2）恒压下绝热膨胀；

（3）体积不变、温度上升的绝热过程；

（4）温度不变的吸热过程；

（5）放热的同时对外做功；

（6）体积缩小的吸热过程。

2. 分析下述推导是否正确：

（1）对于从同一始态出发的一定量的理想气体，分别进行绝热可逆膨胀和绝热不可逆膨胀。若终态压力相同，则绝热可逆过程的功 $W_r = \Delta U = nC_{V,m}\Delta T$，绝热不可逆过程的功 $W_{ir} = \Delta U = nC_{V,m}\Delta T$，所以 $W_r = W_{ir}$。

（2）气体经绝热自由膨胀后，因 $Q = 0$，$W = 0$，所以 $\Delta U = 0$，气体温度不变。

（3）在 100 ℃，$p^\ominus$ 下，1 mol 水等温气化为水蒸气。假设水蒸气为理想气体，因系统在该过程中温度不变，所以 $\Delta U = 0$，$Q_p = \int C_p dT = 0$。

3. 分析下述说法是否正确：

（1）封闭系统不做非体积功的理想气体的恒压绝热过程不可能发生。

（2）范德华气体在恒温膨胀时所做的功的绝对值等于所吸收的热。

（3）一定量理想气体系统自某一始态出发，分别进行等温可逆膨胀和等温不可逆膨胀，能够到达同一终态。

（4）一定量理想气体系统自某一始态出发，分别进行等温可逆膨胀和绝热可逆膨胀，能够到达同一终态。

（5）一定量理想气体系统自某一始态出发，分别进行等温压缩和绝热压缩到具有相同压力的终态，两终态焓值相等。

4. 列举四个不同的等焓过程。

5. 试分析理想气体经过一个等温不可逆循环，能否将环境的热转化为功？经过一个等温可逆循环，能否将环境的热转化为功？

6. 在恒温和恒定外压条件下，1 mol 理想气体体积由 V_i 膨胀到 V_f，该过程 $\Delta U = 0$，$Q = -W = p_外(V_f - V_i)$。因为该过程是恒压过程，所以有 $\Delta H = Q = p_外(V_f - V_i)$。此结论

与理想气体恒温过程 $\Delta H = 0$ 是否矛盾？为什么[①]？

二、计算题

1. 已知一个截面为 10 cm^2 的气缸，内有 $2 \text{ mol } CO^2$ 气体（可看作理想气体），气体压力为 $10 \ p^{\ominus}$。现在气体反抗 $p^{\ominus}$ 的压力进行绝热膨胀，膨胀时活塞推出了 20 cm^2。求膨胀过程中 W，Q，ΔU，ΔH 和 ΔT 的值。

2. 容器中有 65 g 氙，在 $2p^{\ominus}$ 和 298.15 K 时通过下列途径进行绝热膨胀：

（1）可逆膨胀到 $p^{\ominus}$；（2）反抗 $p^{\ominus}$ 压力。

求两种情况下的终态温度。

3. 气体中的声速 c_s 与热容比 γ 有关，即 $c_s = \sqrt{RT\gamma/M_m}$，$M_m$ 为气体的摩尔质量。证明此关系式可以写成 $c_s = \sqrt{\gamma p/\rho}$，$p$ 是气体压力，ρ 是气体密度。计算 298.15 K 时在氦、空气中的声速。

4. 测量气体中的声速是测定热容的一种方法。$0 \ ℃$ 时乙烯中的声速经测定为 317 m/s。求热容比 γ 及乙烯在该温度下的 $C_{V,m}$ 值。设气体具有理想行为。

5. 已知在 $900 \ ℃$ 和 $p^{\ominus}$ 下，$1 \text{ mol } CaCO_3$ 固体分解为 CaO 固体和 CO_2 气体时吸收的热量为 178 kJ。试计算此过程的 W，Q，ΔU 和 ΔH。

6. 在 298.15 K 下，1 mol 金属锌溶于稀盐酸，放出 151.5 kJ 热量，反应器中析出 1 mol 氢气。求反应的 W 和 ΔU。

---

① 前面提到过，由于热力学关注点在于系统始终态之间的变化，并不关心变化的具体细节，所以除非必要，不需要刻意区分等压过程和恒压过程。我们通常所说的恒压，指的是系统压力恒定不变且等于外压，而恒外压与此不同。恒外压指的是环境压力不变，系统压力有可能随时在变。所以恒外压并不是恒压。$\Delta H = Q_p$ 只在恒压（等压）条件下成立。

参 考 文 献

[1] 沈文霞，王喜章，许波连. 物理化学核心教程 [M].3 版. 北京：科学出版社，2017.

[2] 杨建华，戴兵，秦玉明. 大学物理（上） [M].2 版. 苏州：苏州大学出版社，2016.

[3] 《辞海》编辑委员会. 辞海数学·物理·化学分册 [M]. 上海：上海辞书出版社，1987.

[4] 天津大学物理化学教研室. 物理化学 [M].5 版. 北京：高等教育出版社，2009.

[5] 张德生，刘光祥，郭畅. 物理化学思考题 1 100 例 [M]. 合肥：中国科学技术大学出版社，2012.

[6] 阿特金斯 P W. 物理化学 [M]. 天津大学物理化学教研室，译. 北京：高等教育出版社，1990.

[7] 高静. 物理化学 [M]. 北京：中国医药科技出版社，2016.

[8] 彭笑刚. 物理化学讲义 [M].1 版. 北京：高等教育出版社，2017.

[9] 汪存信，宋昭华，屈松生. 物理化学（热力学·相平衡·统计热力学） [M].1 版. 武汉：武汉大学出版社，2006.

[10] 刘国杰，黑恩成. 物理化学导读 [M]. 北京：科学出版社，2008.

[11] 龚淑华. 无机及分析化学 [M].2 版. 北京：中国农业出版社，2013.

第 3 章

热力学第一定律的应用

§3.1 化学反应的热效应

化学反应过程中，系统吸收或放出的热称为化学反应的热效应。它要求系统在发生化学反应之后，要使反应产物的温度回到反应前的温度，这时系统放出（或吸收）的热量就叫作该反应的热效应，简称反应热[1]。反应热与过程有关，与系统的始态和终态有关，离开具体条件讨论反应热是没有意义的。

通常，根据具体测定条件，反应热可以分为等容反应热和等压反应热，即 Q_V 和 Q_p[2]。把反应热和反应系统状态函数的变化联系起来，就可以使反应热的数值成为严格的、通用的、可定量计算的数据。因为化学反应通常在等温等压条件下进行，所以反应焓是最常见的一种热效应[3]。

若化学反应在等温、等压下进行（不做非体积功），则 $\Delta_r H = Q_p$，$\Delta_r H$ 叫作化学反应的焓变，下标 "r" 表示反应。$\Delta_r H_m(T)$ 叫作化学反应在温度 T 时的摩尔焓变，有

$$\Delta_r H_m(T) = \Delta_r H / \xi \tag{3.1}$$

$$\Delta_r H = \sum H(生成物) - \sum H(反应物) \tag{3.2}$$

以下为几种常见的热效应[4]。

3.1.1 相变热

相变是指物质由一种聚集状态转变到另一种聚集状态的过程，如升华、熔化、晶型转变等。相变热是指物质在相变化过程中吸收或释放的热量，主要有：

（1）蒸发热，即由液相变为气相时的相变热。

（2）熔化热，即由固相变为液相时的相变热。

（3）升华热，即由固相直接变为气相时的相变热。

在化工中，蒸发热最常用。

---

[1] 特别强调，在反应过程中温度可以波动，但反应结束时，生成物和反应物的温度必须相同。

[2] 蔡自由，叶国华. 无机化学 [M]. 北京：中国医药科技出版社，2017.

[3] 虽然习惯称之为 "焓"，其实指的是过程的焓变。下文的相变焓、溶解焓等也一样。

[4] 不限于必须有化学反应。

确定相变热常用的方法有两种：

（1）直接量热。例如在等压（压力等于饱和蒸气压）下测定一定量液体蒸发所需的能量，算出蒸发热。

（2）先测量不同温度下的饱和蒸气压，然后用克劳修斯－克拉珀龙[①]方程计算蒸发热[②]。许多物质的相变热数据刊在有关手册中，也可用经验式计算。其中蒸发热数据已较完备，经验式的精度也较高[③]。

在等温、等压下进行相变时的相变热就等于相变焓。

3.1.2　溶解热

指溶质溶于溶剂时，由于分子之间作用力的改变所产生的热效应。在等压过程中，溶解热就等于溶解焓。溶解热分为两种：积分溶解热和微分溶解热。

（1）积分溶解热。指 1 mol 溶质溶于一定量的溶剂中所吸收或放出的热。这个溶解过程是一个溶液浓度不断改变的过程，所以积分溶解热也叫变浓溶解热。积分溶解热的单位是 J/mol，其中"mol"是对溶质而言[④]。溶解热与浓度有关，但不具备线性关系。

（2）微分溶解热。指在给定浓度的溶液里，加入极少量溶质时，所产生的热效应与加入溶质量的比值。微分溶解热也可以理解为：在大量给定浓度的溶液中，加入 1 mol 溶质时，所产生的热效应。无论是在给定浓度的溶液里加入极少量溶质，还是在大量给定浓度的溶液中加入 1 mol 溶质，溶液浓度都维持不变，所以微分溶解热又叫定浓溶解热。微分溶解热的单位也是 J/mol。

3.1.3　稀释热

指把溶剂加入溶液时所产生的热效应。和溶解热类似，稀释热也分为两种：积分稀释热和微分稀释热。

（1）积分稀释热。在等温等压条件下，将一定量溶剂加到含有单位溶质的某溶液中，使其变为另一种浓度较低的溶液时的热效应叫"积分稀释热"。积分稀释热的单位是 J/mol。注意在谈论稀释热时，必须把稀释前后的浓度都讲清楚。因为始态、终态不同时，稀释热的值也不同。可利用溶液的积分溶解热来计算其积分稀释热[⑤]。积分稀释热等于稀溶液与浓溶液的积分溶解热之差。

---

① 克拉珀龙（Benoît Paul émile Clapeyron，1799. 2. 26—1864. 1. 28）法国物理学家，工程师，在热力学研究方面有很大贡献。

② 克劳修斯－克拉珀龙方程（Clausius – Clapeyron Equation），描述单组分系统在相平衡时压力随温度的变化率的方程。

③ 崔克清. 安全工程大辞典［M］. 北京：化学工业出版社，1995.

④ 丁亚茹，张顺. 冶金基础知识［M］. 北京：冶金工业出版社，2013.

⑤ 雷一东，葛喜臣. 化工热力学［M］. 重庆：重庆大学出版社，1989.

溶解热与稀释热是相对而言的：当把一定量的纯溶质和纯溶剂混合时，如果看成是把溶质加到溶剂中，其热效应是积分溶解热；反过来，如果看成是把溶剂加到溶质中，其热效应又可以说是积分稀释热。因此，纯溶质的积分稀释热也就是它的积分溶解热，文献上往往两种叫法都有，查阅时应注意。

（2）微分稀释热。指在一定浓度的溶液中加入极少量溶剂所产生的热效应与加入溶剂量的比值。微分稀释热的值无法直接测定，需要从积分溶解热曲线上作切线求得。

3.1.4 标准摩尔焓变

反应温度 T 时，参与反应的各物质都处于标准态，化学反应的进度为 1 mol 时的焓变叫作反应的标准摩尔焓变。标准摩尔焓变的符号为 $\Delta_r H_m^\ominus(T)$，下标"m"表示反应进度 $\xi = 1$ mol，上标"$\ominus$"表示反应物和生成物都处于标准态，下标"r"表示反应，T 表示反应温度，不注明默认为 298.15 K[①]。

$$\Delta_r H_m^\ominus = \sum H_m^\ominus(生成物) - \sum H_m^\ominus(反应物) \tag{3.3}$$

标准态的压力 $p^\ominus$ 为 100 kPa。物质标准态的规定如下[②]：

纯气体标准态：选取温度为 T，压力为 $p^\ominus$ 的具有理想气体性质的状态作为标准态（由于温度没有给定，所以每个 T 都存在一个相应的标准态）。

纯固体或纯液体：选取温度为 T，压力为 $p^\ominus$ 的状态作为标准态（同上，每个 T 都存在一个相应的标准态）。

本书暂不讨论溶液标准态。

反应进度为 1 mol，表示按计量方程反应物应全部作用完。若是一个平衡反应，显然实验所测值会低于计算值。但可以用过量的反应物，测定刚好反应进度为 1 mol 时的热效应。

3.1.5 标准摩尔生成焓

在标准压力 $p^\ominus$ 下、反应温度 T 时，由最稳定的单质直接合成标准状态下 1 mol 物质的反应热，称为该物质的标准摩尔生成焓，其符号为 $\Delta_f H_m^\ominus$（物质，相态，温度）。引入标准摩尔生成焓是为了计算反应焓 $\Delta_r H$。

因为焓的绝对值无法测定，只有给出一个相对标准，才能计算过程的焓变值。对于生成反应，有

$$\Delta_f H_m^\ominus = H_m^\ominus(化合物) - \sum H_m^\ominus(单质) \tag{3.4}$$

规定稳定单质在任意温度的焓值为 0，即 $\sum H_m^\ominus$（单质）$= 0$，也即单质的生成热为 0。因此，式（3.4）可写成

---

① 以下各种反应热均如此，不特别指出反应温度即默认为 298.15 K。
② 傅献彩，沈文霞，姚天扬，等. 物理化学 ［M］. 5 版. 北京：高等教育出版社，2010.

$$\Delta_f H_m^\ominus = H_m^\ominus(化合物) \tag{3.5}$$

所以一个化合物的生成焓并非该化合物焓的绝对值，而是相对值。同一物质而相态不同，其标准摩尔生成焓的值也是不同的。

有些化合物不能由单质直接合成，可利用后文提到的盖斯定律间接求得生成焓。

例 3.1　已知在 298.15 K 及 $p^\ominus$ 下，反应

$$C(石墨) + O_2(g) = CO_2(g)，\Delta_r H_m^\ominus = -393.51 \ kJ/mol$$

则 $CO_2(g)$ 在 298.15 K 下的标准摩尔生成焓 $\Delta_f H_m^\ominus$ 是多少？

答：该反应的反应物均为稳定单质，所以根据式（3.3）和式（3.4），可知 $CO_2(g)$ 在 298.15 K 下的标准摩尔生成焓 $\Delta_f H_m^\ominus = \Delta_r H_m^\ominus = -393.51 \ kJ/mol$。

化学反应的标准摩尔焓变，等于生成物标准摩尔生成焓之和减去反应物标准摩尔生成焓之和，对于任意反应 $0 = \sum \nu_B B$ 来说，即

$$\Delta_r H_m^\ominus = \sum \nu_B \Delta_f H_m^\ominus \tag{3.6}$$

3.1.6　离子标准摩尔生成焓

因为溶液是电中性的，正、负离子总是同时存在，无法测出单一离子的生成焓。选定一种离子的生成焓作为基准，就可以计算出其他各种离子在无限稀释时的生成焓。目前公认的相对标准是：标准压力下，在无限稀释水溶液中，H^+ 的标准摩尔生成焓等于 0，即

$$\Delta_f H_m^\ominus(H^+, \infty aq, T) = 0 \tag{3.7}$$

"∞ aq"表示无限稀溶液。其他离子的标准摩尔生成焓都是与此标准相比得到的相对值。

例 3.2　298.15 K，$p^\ominus$ 下，将 1 mol HCl(g) 溶于大量水中，在水溶液中形成 H^+（∞ aq）和 Cl^-（∞ aq），该过程放热 75.14 kJ/mol。已知 HCl(g) 的标准摩尔生成焓为 -92.30 kJ/mol，求 Cl^-（∞ aq）的标准摩尔生成焓。

解： $HCl(g, p^\ominus) \xrightarrow{H_2O} H^+(\infty aq) + Cl^-(\infty aq)$

按照式（3.6），有

$$\Delta_{sol} H_m^\ominus(298.15 \ K)^{[1]} = \Delta_f H_m^\ominus(H^+, \infty aq) + \Delta_f H_m^\ominus(Cl^-, \infty aq) - \Delta_f H_m^\ominus(HCl, g)$$

$$= 0 + \Delta_f H_m^\ominus(Cl^-, \infty aq) - (-92.30 \ kJ/mol)$$

$$= \Delta_f H_m^\ominus(Cl^-, \infty aq) + 92.30 \ kJ/mol$$

$$= -75.14 \ kJ/mol$$

所以，$\Delta_f H_m^\ominus(Cl^-, \infty aq) = -75.14 \ kJ/mol - 92.30 \ kJ/mol = -167.44 \ kJ/mol$

答：在此条件下，Cl^-（∞ aq）的标准摩尔生成焓为 -167.44 kJ/mol。

---

[1]　下标"sol"表示溶液。

练习 11

在 298. 15 K，$p^\ominus$ 下，KCl(s) 溶于大量水时吸热 17. 18 kJ/mol。已知 Cl⁻(∞ aq) 和 KCl(s) 的标准摩尔生成焓分别为 − 167. 44 kJ/mol 和 − 435. 87 kJ/mol，求 K⁺(∞ aq) 的标准摩尔生成焓。

3.1.7 标准摩尔燃烧焓

在标准压力下及指定温度下，1 mol 物质被氧完全氧化成相同温度的指定产物时的焓变称为标准摩尔燃烧焓，其符号为 $\Delta_c H_m^\ominus$（物质，相态，温度），即

$$\Delta_c H_m^\ominus = \sum H_m^\ominus（指定产物）- \sum H_m^\ominus（反应物） \tag{3.8}$$

引入标准摩尔燃烧焓也是为了计算反应焓 $\Delta_r H$。所谓指定产物，指的是最稳定的氧化物或单质。常见物质的指定产物规定如下：

C→CO_2(g)，H→H_2O(l)，S→SO_2(g)，N→N_2(g)，Cl→HCl(aq)，金属→游离态

规定的指定产物不同，焓变值也不同。指定产物的标准摩尔燃烧焓在任何温度 T 时都规定为 0。氧气是助燃剂，无燃烧焓。燃烧产物的相态必须注明，同一物质而不同相态，其标准摩尔燃烧焓的值不相等。

标准摩尔燃烧焓对有机化合物来说特别有用，因为很多有机物都是易燃的，比较容易测定它们的燃烧焓。知道燃烧焓数据就可以求反应热，反之亦然。

例 3.3 298. 15 K，$p^\ominus$ 下，已知反应

$$CH_3COOH(l) + 2O_2(g) == 2CO_2(g) + 2H_2O(l)$$

的标准摩尔反应焓为 − 870. 30 kJ/mol。求 CH_3COOH(l) 在此条件下的标准摩尔燃烧焓。

答： 该反应的产物均为规定的指定产物，根据式（3.3）和式（3.8），CH_3COOH(l) 在此条件下的标准摩尔燃烧焓 $\Delta_c H_m^\ominus = \Delta_r H_m^\ominus = -870.30$ kJ/mol。

化学反应的焓变值等于各反应物标准摩尔燃烧焓的总和减去各生成物标准摩尔燃烧焓的总和，对于任意反应 $0 = \sum \nu_B B$ 来说，即

$$\Delta_r H_m^\ominus = - \sum \nu_B \Delta_c H_m^\ominus \tag{3.9}$$

§3.2 热化学方程式和盖斯定律

3.2.1 热化学方程式

表示化学反应与热效应关系的反应方程式叫作热化学方程式[①]。除了要满足一般反

[①] 汪存信，宋昭华，屈松生. 物理化学（热力学·相平衡·统计热力学）[M].1 版. 武汉：武汉大学出版社，2006.

应方程式的要求之外，热化学方程式还要表示出反应的热效应 $\Delta_r H$（或 $\Delta_r U$）[①]。因为焓和热力学能都是状态函数，所以，在热化学方程式中要把反应物和生成物的状态注明，如物态、温度、压力、组成等。通常用"g"代表气态，"l"代表液态，"s"代表固态；如果有晶型的区别，还要注明晶型。反应条件也应注明，如恒温或是恒压；如不特别注明，则默认压力为 100 kPa，温度为 298.15 K。特别强调的是，热化学方程式为反应进度 $\xi = 1$ mol 的反应。例如：

$$SO_2(g, p^\ominus) + \frac{1}{2}O_2(g, p^\ominus) \xrightarrow{298.15\ K} SO_3(g, p^\ominus) \tag{3.10}$$

$$\Delta_r H_m^\ominus\ (298.15\ K)\ = -98.87\ kJ/mol \tag{3.11}$$

式中，$\Delta_r H_m^\ominus$（298.15 K）为该反应在 298.15 K 时的标准摩尔焓变。

$\Delta_r H_m^\ominus$ 的值和热化学方程式的写法有关。如果把式（3.10）写为

$$2SO_2(g, p^\ominus)\ +O_2(g, p^\ominus) \xrightarrow{298.15\ K} 2SO_3(g, p^\ominus) \tag{3.12}$$

其热效应也相应变为

$$\Delta_r H_m^\ominus(298.15\ K) = -197.74\ kJ/mol \tag{3.13}$$

反应计量系数为式（3.10）的 2 倍，热效应也为式（3.11）的 2 倍。和反应进度一样，热效应的数值也依赖于具体的反应方程式。

$\Delta_r H_m^\ominus$ 的含义是标准态时生成物总焓与反应物总焓之差，对于式（3.10），即

$$\Delta_r H_m^\ominus = H_m^\ominus(SO_3, g) - \left[H_m^\ominus(SO_2, g) + \frac{1}{2} H_m^\ominus(O_2, g) \right] \tag{3.14}$$

因此一定有

$$\Delta_r H_m^\ominus(正反应) = -\Delta_r H_m^\ominus(逆反应) \tag{3.15}$$

3.2.2　盖斯定律

19 世纪中叶，俄国化学家盖斯[②]发现，一个化学反应不管是一步完成还是分几步完成，其反应的热效应总是相同的，这就是盖斯定律。盖斯定律实质上是热力学第一定律在热化学中应用的必然结果。其本质是 U 和 H 是状态函数，所以只要始终态确定，ΔU 和 ΔH 的值就是确定的，即等容反应热和等压反应热的数值是确定的。

以 C 与 O_2 结合生成 CO_2 为例，直接一步反应生成 CO_2，其热化学反应方程式为

$$C + O_2 = CO_2 + Q \tag{1}$$

如果先进行不完全反应生成 CO，CO 再与 O_2 反应生成 CO_2，其热化学反应方程

---

① $\Delta_r H$ 为反应焓变，$\Delta_r U$ 为反应热力学能变。这是热化学方程式中常用的两种热效应。其正负号规定如前，系统吸热为正，放热为负。

② 盖斯（Germain Henri Hess，1802.8.8—1850.12.12），出生于日内瓦的俄国化学家，曾在瑞典化学家贝采里乌斯（Jons Jakob Berzelius，1779.8.20—1848.8.7，瑞典化学家，现代化学命名体系的建立者）的实验室留学。1828 年由于在化学上的卓越贡献被选为圣彼得堡科学院院士，旋即被聘为圣彼得堡工艺学院理论化学教授兼中央师范学院和矿业学院教授。1838 年被选为俄国科学院院士。

式为

$$C + \frac{1}{2}O_2 = CO + Q_1 \tag{2}$$

$$CO + \frac{1}{2}O_2 = CO_2 + Q_2 \tag{3}$$

盖斯定律告诉我们，$Q = Q_1 + Q_2$。如果想求反应（2）的热效应，就可以通过反应（1）和反应（3）的热效应来求。反应（2）是很难控制的，其热效应也难以直接测定。但反应（1）和反应（3）就很好控制。通过盖斯定律，我们可以测定相关反应链上其他反应的热效应，经计算得到需要测定的反应热效应数值[1]。

化学反应进行数学运算的条件是：

（1）不同反应的反应条件必须相同（温度、压力相同）；

（2）不同的反应方程式同乘以（或同除以）某一个数时，相应的反应热效应也要同乘以（或同除以）这个数。

（3）不同的反应方程式相加减时，相应的反应热效应也要相加减。

练习 12

> 已知 25 ℃下，下列反应的热效应为
>
> $C + CO_2 = 2CO + \Delta H_1$ $\Delta H_1 = 173.13 \text{ kJ/mol}$
>
> $C + O_2 = CO_2 + \Delta H_2$ $\Delta H_2 = -393.52 \text{ kJ/mol}$
>
> 求反应 $C + \frac{1}{2}O_2 = CO$ 在 25 ℃时的热效应 ΔH_3。

§3.3　定容热容和定压热容

3.3.1　热容

在不发生相变化和化学变化的前提下，系统与环境所交换的热与由此引起的温度变化之比称为系统的热容[2]。系统与环境交换热的多少与物质的种类、状态、物质的量和交换的方式等因素有关，因此系统的热容值也受上述各因素的影响。温度变化的范围对热容值也有影响，但是即使温度变化的范围相同，系统所处的始、末状态不同，系统与环境所交换的热也不相同。所以，根据某一温度变化范围内测得的热交换值计

---

① 王承阳，王炳忠. 工程热力学 [M]. 北京：冶金工业出版社，2016.

② 林树坤，卢荣. 物理化学 [M]. 2 版. 武汉：华中科技大学出版社，2016.

算出的热容值只能是一个平均值，称为平均热容，即

$$\langle C \rangle = \frac{Q}{\Delta T} \tag{3.16}$$

当温度变化时，平均热容很难反映系统的真实状态，所以除了热量衡算之外并不常用。热容的定义式是从平均热容取极限得到的，即

$$C = \lim_{\Delta T \to 0} \frac{Q}{\Delta T} = \frac{dQ}{dT} \tag{3.17}$$

式中，Q 是系统与环境交换的热，ΔT 是系统始、末态的温差，dT 表示温度变化很小，dQ 为温度变化很小时系统与环境交换的热。热容的单位为 J/K，是系统的广度性质。

规定物质的数量为 1 mol 的热容称为摩尔热容，符号为 C_m，单位是 J/(K·mol)，它是强度性质。热容和摩尔热容的关系为

$$C = nC_m \tag{3.18}$$

规定物质数量为 1 g（或 1 kg）的热容称为比热容。比热容的单位是 J/(K·g) 或 J/(K·kg)。

3.3.2　定容热容和定压热容

热容取决于热传递的条件。系统在恒容且不做任何功的条件下，使温度升高 dT 所需的能量为

$$dQ_V = C_V dT \tag{3.19}$$

式中，Q_V 称为恒容热效应，简称恒容热，dQ_V 是其微小量，C_V 称为定容热容。

系统在恒压且不做非体积功的条件下（传递能量时系统可以膨胀或压缩），使温度升高 dT 所需的能量为

$$dQ_p = C_p dT \tag{3.20}$$

式中，Q_p 称为恒压热效应，简称恒压热，dQ_p 是其微小量，C_p 称为定压热容。

C_V 是一个与系统热力学能的变化相关联的量。当系统不做功时，$dW = 0$，根据热力学第一定律，有 $dU = dQ$，因此在恒容条件下必然有

$$C_V = \frac{dQ}{dT} = \frac{dU}{dT} \tag{3.21}$$

或

$$dU = dQ = C_V dT \tag{3.22}$$

把式（3.21）写成偏导数的形式，即

$$C_V = \left(\frac{\partial U}{\partial T} \right)_V \tag{3.23}$$

对式（3.22）积分可得

$$\Delta U = Q_V = \int C_V dT \tag{3.24}$$

式（3.24）是一个常用的计算系统热力学能变的公式。当 C_V 不随温度变化时，式（3.24）可变为

$$\Delta U = Q_V = C_V \Delta T \tag{3.25}$$

C_p 则是一个与系统熵的变化相关联的量。从熵的定义出发，$H = U + pV$，等式左右取微分，有

$$dH = dU + d(pV) = dU + pdV + Vdp \tag{3.26}$$

当系统在压力 p 下与环境处于平衡时，$Vdp = 0$。所以

$$dH = dU + pdV \tag{3.27}$$

又因为 $dU = dQ + dW = dQ + dW_e + dW_f$，当系统不做非体积功时，$dW_f = 0$，于是

$$dU = dQ + dW_e = dQ - pdV \tag{3.28}$$

将式（3.28）代入式（3.27），得

$$dH = dU + pdV = dQ = C_p dT \tag{3.29}$$

把式（3.29）写成偏导数的形式，即

$$C_p = \left(\frac{\partial H}{\partial T}\right)_p \tag{3.30}$$

对式（3.29）积分可得

$$\Delta H = Q_p = \int C_p dT \tag{3.31}$$

式（3.31）是一个常用的计算系统熵变的公式。C_p 是温度的函数，其函数表达式为

$$C_p = a + bT + cT^2 + \cdots\cdots \tag{3.32}$$

将式（3.32）代入式（3.31），可以得到积分结果。当 C_p 不随温度变化时，式（3.31）可变为

$$\Delta H = Q_p = C_p \Delta T \tag{3.33}$$

式（3.23）和式（3.30）提供了能量传递形式（热）和系统状态性质（热力学能、熵）之间的关系。系统和环境在恒容下传递的热量等于系统的热力学能变，而在恒压下传递的热量则等于系统的熵变。

3.3.3　理想气体定压热容和定容热容的关系

热在定压下从环境传给系统时，除了有一部分用于增加系统的热力学能，还有一部分以功的形式返回到环境。因此熵变与热力学能变不同，其差值为定压下系统体积变化时所做的功。因此定压热容和定容热容也有所区别。一般来说，在定压情况下传热，一定会做功，那么对传递同样的热来说，定压时温度升高更少，所以 C_p 大于 C_V[①]。由于液体或固体在加热时体积变化很小，而气体体积变化较大，这个差别对于气体来

---

① 但这不是绝对的。由于体积变化的特殊性，水在 0~4 ℃时，C_p 反而小于 C_V。

说更为显著。

对于理想气体，由于 $pV = nRT$，从而有

$$H = U + pV = U + nRT \tag{3.34}$$

$$dH = dU + nRdT \tag{3.35}$$

把式（3.32）和式（3.29）代入式（3.35），有

$$C_p dT = C_V dT + nRdT \tag{3.36}$$

所以

$$C_p = C_V + nR \tag{3.37}$$

式（3.37）就是理想气体定压热容和定容热容之间的关系。

由于摩尔定压热容 $C_{p,\mathrm{m}} = \dfrac{C_p}{n}$，摩尔定容热容 $C_{V,\mathrm{m}} = \dfrac{C_V}{n}$，所以理想气体摩尔定压热容和摩尔定容热容之间的关系为

$$C_{p,\mathrm{m}} = C_{V,\mathrm{m}} + R \tag{3.38}$$

在温度不是很高的情况下，单原子理想气体的 $C_{p,\mathrm{m}}$ 为 $\dfrac{5}{2}R$，双原子理想气体的 $C_{p,\mathrm{m}}$ 为 $\dfrac{7}{2}R$。

练习 13

1. 热容是不是状态函数？
2. 等压热容和等容热容是不是状态函数？
3. 试推导在等压且有非体积功时，Q_p 与 ΔH 的关系式。

§3.4 理想气体的绝热可逆过程、多方过程和相变过程

3.4.1 理想气体绝热可逆过程

对于理想气体的绝热、非体积功为 0 的过程，根据热力学第一定律，一定有

$$dU = dW \tag{3.39}$$

可逆条件下，$dW = -pdV = -\dfrac{nRT}{V}dV$。根据式（3.22），$dU = C_V dT = nC_{V,\mathrm{m}}dT$，所以有

$$nC_{V,\mathrm{m}}dT = -\dfrac{nRT}{V}dV \tag{3.40}$$

即

$$\frac{C_{V,\mathrm{m}}}{T}\mathrm{d}T = \frac{-R}{V}\mathrm{d}V \tag{3.41}$$

当理想气体由始态（p_i，V_i，T_i）绝热可逆变化到终态（p_f，V_f，T_f）时[①]，积分式（3.41），有

$$\int_{T_i}^{T_f} \frac{C_{V,\mathrm{m}}}{T}\mathrm{d}T = -\int_{V_i}^{V_f} \frac{R}{V}\mathrm{d}V \tag{3.42}$$

若 $C_{V,\mathrm{m}}$ 为常数，则积分结果为

$$C_{V,\mathrm{m}}\ln\frac{T_f}{T_i} = R\ln\frac{V_i}{V_f} \tag{3.43}$$

即

$$\frac{T_f}{T_i} = \left(\frac{V_i}{V_f}\right)^{\frac{R}{C_{V,\mathrm{m}}}} \tag{3.44}$$

对于理想气体来说，从理想气体状态方程出发，可得到

$$\frac{V_i}{V_f} = \frac{T_i}{T_f} \cdot \frac{p_f}{p_i} \tag{3.45}$$

将式（3.45）和式（3.38）代入式（3.44），并令 $\gamma = \dfrac{C_{p,\mathrm{m}}}{C_{V,\mathrm{m}}}$，可得

$$\frac{T_f}{T_i} = \left(\frac{V_i}{V_f}\right)^{\gamma-1} \quad 或 \quad TV^{\gamma-1} = 常数 \tag{3.46}$$

$$\frac{T_f}{T_i} = \left(\frac{p_i}{p_f}\right)^{\frac{1-\gamma}{\gamma}} \quad 或 \quad Tp^{\frac{1-\gamma}{\gamma}} = 常数 \tag{3.47}$$

$$\frac{p_f}{p_i} = \left(\frac{V_i}{V_f}\right)^{\gamma} \quad 或 \quad pV^{\gamma} = 常数 \tag{3.48}$$

式中，γ 叫作热容比。式（3.46）～式（3.48）即理想气体绝热可逆方程式[②]。它们表示绝热可逆过程中理想气体所经历的状态，主要用来求绝热过程的终态。

从体积 V_i 变化到 V_f，绝热可逆膨胀气体压力的降低要比等温可逆膨胀更为显著。其原因在于：在绝热膨胀过程中，一方面气体的体积变大使压力降低，另一方面气体的温度下降使压力降低。因此，绝热可逆膨胀功恒小于等温可逆膨胀功[③]。

在推导理想气体绝热可逆方程式的过程中引进了如下假定，它们因此也是公式的

---

① 在本书以后的章节中，我们也将使用下角标"i"表示始态，下角标"f"表示终态。

② 理想气体绝热可逆方程式和理想气体状态方程之间的关系有时会令人困惑。实际上，由于是理想气体系统，所以在这个过程中的每一瞬间，系统都服从理想气体状态方程，而在整个过程里，表现出绝热可逆方程式的效果。也就是说，理想气体绝热可逆方程式必须有确定的始末态才能使用，它表现的是一段时间的总效果，它不是状态方程，而是过程方程。

③ 王权，张善昭．物理化学学习指导［M］．北京：冶金工业出版社，1990．

使用限制条件：

（1）系统是理想气体；

（2）经历了绝热可逆过程；

（3）$C_{V,m}$是与温度无关的常数。

在绝热过程中，若系统对外做功，热力学能下降，系统温度必然降低；反之，则系统温度升高。因此绝热压缩，使系统温度升高；而绝热膨胀，可使系统获得低温。

练习 14

1. 理想气体从同一始态 $(p_i，V_i)$ 分别经可逆的绝热膨胀和不可逆的绝热膨胀到达各自的终态。当终态体积都是 V_f 时，气体终态压力是否相同？为什么？

2. 从热力学第一定律出发，证明封闭系统不做非体积功的理想气体的恒压绝热过程不可能发生。

式（3.48）可写为

$$p = p_i \left(\frac{V_i}{V} \right)^{\gamma} \tag{3.49}$$

对于理想气体来说，其绝热可逆体积功 W_a 可由式（2.16）和式（3.49）求出：

$$W_a = -\int_{V_i}^{V_f} p\,\mathrm{d}V = -p_i V_i^{\gamma} \int_{V_i}^{V_f} \frac{1}{V^{\gamma}}\mathrm{d}V = \frac{p_i V_i^{\gamma}}{\gamma - 1}\left(\frac{1}{V_f^{\gamma-1}} - \frac{1}{V_i^{\gamma-1}} \right) \tag{3.50}$$

但式（3.50）的使用并不方便，通常利用绝热过程的 $W_a = \Delta U$ 来计算，即

$$W_a = \Delta U = nC_{V,m}\Delta T \tag{3.51}$$

因为式（3.51）中未引入其他限制条件，所以该公式适用于定组成封闭系统的一般绝热过程，不一定是理想气体，也不一定是可逆过程。式（3.51）对于绝热可逆和绝热不可逆过程都适用，只是两者终态温度的计算方法不同，所得的数值也不同，所做的功也不等。对于绝热可逆过程，终态的温度要用理想气体绝热可逆过程方程式计算；对于绝热不可逆过程，则一般从 ΔU 得到。在始态、终态体积相同时，绝热可逆过程所做的功多，所以终态温度会低于绝热不可逆过程。

练习 15

在 273.15 K，5.0×10^5 Pa 条件下，取 10 dm³ 理想气体，通过下列不同过程膨胀到压力为 1.0×10^5 Pa：（1）等温可逆膨胀；（2）绝热可逆膨胀；（3）在恒外压 1.0×10^5 Pa 下膨胀（即绝热不可逆膨胀）。计算各过程的 Q，W，ΔU 和 ΔH。假定该理想气体 $C_{V,m} = \frac{2}{3}R$，且与温度无关。

3.4.2 多方过程

实际上气体所进行的实际过程常常既不等温，也不绝热，而是介于两者之间。如果实际过程可以用

$$pV^n = 常量 \tag{3.52}$$

的形式来描述，那么该过程称为多方过程，n 为常数，称为多方指数[1]。

理想气体由始态（p_i，V_i）经多方过程变化到终态（p_f，V_f）时，按照式（3.52），有

$$p_i V_i^{\,n} = p_f V_f^{\,n} \tag{3.53}$$

设该气体在多方过程中，当温度升高 $\mathrm{d}T$ 时，气体所吸收的热量是 $\mathrm{d}Q$，有

$$\mathrm{d}Q = n C_m \mathrm{d}T \tag{3.54}$$

C_m 为气体的摩尔热容。过程中系统得到的功为 $\mathrm{d}W = -p\mathrm{d}V$，热力学能变为 $\mathrm{d}U = nC_{V,m}\mathrm{d}T$，按照热力学第一定律，有

$$n C_m \mathrm{d}T = n C_{V,m}\mathrm{d}T + p\mathrm{d}V \tag{3.55}$$

即

$$n(C_m - C_{V,m})\mathrm{d}T = p\mathrm{d}V \tag{3.56}$$

根据理想气体状态方程 $p = \dfrac{RT}{V_m}$，整理可得

$$\frac{\mathrm{d}T}{T} + \frac{R}{C_{V,m} - C_m} \cdot \frac{\mathrm{d}V}{V} = 0 \tag{3.57}$$

令 $\dfrac{R}{C_{V,m} - C_m} = n - 1$，积分式（3.57）得

$$\ln T + (n-1)\ln V = 常数 \tag{3.58}$$

也即

$$TV^{\,n-1} = 常数 \tag{3.59}$$

把 $T = \dfrac{pV_m}{R}$ 代入式（3.59），可得

$$pV^{\,n} = 常数 \tag{3.60}$$

又因为 $\dfrac{R}{C_{V,m} - C_m} = n - 1$，$C_{p,m} - C_{V,m} = R$，所以

$$C_m = C_{V,m} - \frac{R}{n-1} = \frac{(n-\gamma)R}{(n-1)(\gamma-1)} \tag{3.61}$$

多方指数 n 可以是任意实数，而摩尔热容是依赖于多方指数的一个常量。多方指

---

[1]　汪晓元. 大学物理学（下）[M]. 3 版. 武汉：武汉理工大学出版社，2016.

数 n 取值不同，代表的过程不同[①]：

$n = 0$ 时，$C_m = C_{p,m}$，过程方程为 $p =$ 常数，是等压过程；

$n = 1$ 时，$C_m = \infty$，过程方程为 $pV =$ 常数，是等温过程；

$n = \gamma$ 时，$C_m = 0$，过程方程为 $pV^\gamma =$ 常数，是绝热过程；

$n = \infty$ 时，$C_m = C_{V,m}$，是等容过程。

前边所介绍的过程都可以看作多方过程的特例。

3.4.3　相变过程

如图 3.1 所示，一定量的水在 $p^\ominus$，100 ℃时与饱和水蒸气保持平衡。如果系统吸热 dQ，则将扰动该平衡，会有微量水蒸发，液面上压力增加 dp，向上推动活塞（假设这是一个无质量、无摩擦、刚性且完全紧密配合的活塞），使体积增加 dV，内压与外压重新相等，达到一个新的平衡状态。这样不断地吸热，水不断地蒸发，直到完全气化。这是一个可逆的过程，叫作可逆相变。在此过程中，有

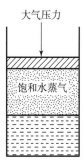

图 3.1　水的蒸发示意图

$$Q = Q_p = \Delta H_{相变} \tag{3.62}$$
$$W = -p_外 \Delta V = -p_外 (V_g - V_1) \tag{3.63}$$

式中，V_g 为终态时水的气相体积，V_1 为始态时水的液相体积，且 $V_g \gg V_1$，V_1 可忽略不计。如果把蒸气看作理想气体，在可逆条件下有 $V_g = nRT/p_内 = nRT/p_外$，则式 (3.63) 可整理为

$$W = -nRT \tag{3.64}$$
$$\Delta U = Q + W = \Delta H_{相变} - nRT \tag{3.65}$$

在相平衡的温度、压力下，纯物质的相变过程是可逆相变过程。不在平衡相变的温度及压力下的相变过程为不可逆相变过程[②]。相变过程的焓变值 $\Delta H_{相变}$ 称为相变焓，常用的是摩尔相变焓，例如水的摩尔气化焓，其符号是 $\Delta_1^g H_m$ 或 $\Delta_{vap} H_m$，即

$$\Delta_1^g H_m(p^\ominus, 373.15 \text{ K}) = H_m(g, p^\ominus, 373.15 \text{ K}) - H_m(1, p^\ominus, 373.15 \text{ K}) \tag{3.66}$$

互为逆过程的相变过程，其相变焓互为相反数，如水的摩尔凝结焓与摩尔气化焓之间的关系为

$$\Delta_g^1 H_m(p^\ominus, 373.15 \text{ K}) = -\Delta_1^g H_m(p^\ominus, 373.15 \text{ K}) \tag{3.67}$$

由于上述相变过程等压且非体积功为 0，所以相变焓就等于相变过程的热效应，因此也叫作相变热。相变焓与相变过程的温度、压力有关，但压力的影响很小，因此通常把相变焓视为温度的函数。不可逆过程的相变焓可通过构造可逆过程，利用玻恩 –

① 徐送宁，石爱民，王雅红. 大学物理［M］. 北京：北京理工大学出版社，2014.
② 朱文涛，王军民，陈琳. 简明物理化学［M］. 1 版. 北京：清华大学出版社，2012.

哈伯（Born – Haber）循环[①]间接求出。玻恩－哈伯循环基于如下原理：熵是状态函数，所以完成一个循环的熵变总和必然为 0。

例 3.4 试求液态水在 298.15 K，3.168 kPa 下气化为同温同压下水蒸气的摩尔气化熵。

解： 这是一个不可逆相变过程，需要构造 Born – Haber 循环如下：

$$H_2O\ (l,\ 298.15\ K,\ 3.168\ kPa) \xrightarrow{\ \Delta_l^g H_m = ?\ } H_2O\ (g,\ 298.15\ K,\ 3.168\ kPa)$$

$$\downarrow \Delta H_1 \approx 0 \qquad\qquad\qquad\qquad\qquad \uparrow \Delta H_5 \approx 0$$

$$H_2O\ (l,\ 298.15\ K,\ p^\ominus) \qquad\qquad\qquad H_2O\ (g,\ 298.15\ K,\ p^\ominus)$$

$$\downarrow \Delta H_2 \qquad\qquad\qquad\qquad\qquad\qquad \uparrow \Delta H_4$$

$$H_2O\ (l,\ 373.15\ K,\ p^\ominus) \xrightarrow{\ \Delta H_3\ } H_2O\ (g,\ 373.15\ K,\ p^\ominus)$$

所以，$\Delta_l^g H_m$（373.15 K，3.168 kPa）$= \Delta H_1 + \Delta H_2 + \Delta H_3 + \Delta H_4 + \Delta H_5 = \Delta H_2 + \Delta H_3 + \Delta H_4$

ΔH_4 是水在正常沸点[②]时的气化熵，可以查表得到。知道水和水蒸气的 $C_{p,m}$，就可以计算出 ΔH_2 和 ΔH_3，进而计算出 $\Delta_l^g H_m$（373.15 K，3.168 kPa）。

练习 16

按照所给出的解题思路，完成例 3.4。

§3.5 理想气体的热力学能和熵与温度的关系

3.5.1 焦耳实验

焦耳实验的装置如图 3.2 所示。两个容量相同的大容器用旋塞连通，置于水浴之中。一个容器内装有低压干空气，另一个抽成真空。实验时打开旋塞，空气向真空容器膨胀直到平衡。用温度计测量膨胀前后水浴温度，发现没有变化，说明系统（气体）与环境（水浴）间没有热交换，$Q = 0$。该过程为气体向真空自由膨胀，$W = 0$。根据热力学第一定律可知，$\Delta U = Q + W = 0$。

从上述分析可知，理想气体经过一个等温膨胀过程，虽然体积和压力发生了变化，但热力学能保持不变。也就是说，在等温条件下，理想气体的热力学能不随体积和压力变化。这个结论叫作焦耳定律，即

---

① 利用分过程的能量变化来分析总过程能量变化的方法，叫作玻恩－哈伯（Born – Haber）循环法（张学铭，耿守忠，刘冰，等. 化学小辞典 [M]. 北京：科学技术文献出版社，1984.）

② 正常沸点是指在 $p^\ominus$ 时纯液体的沸点。

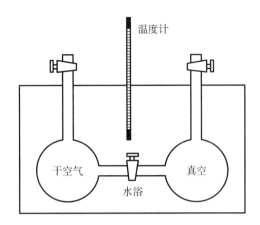

图 3.2　焦耳实验

$$\left(\frac{\partial U}{\partial V}\right)_T = 0, \left(\frac{\partial U}{\partial p}\right)_T = 0 \tag{3.68}$$

式（3.68）表明，理想气体的热力学能仅是温度的函数，记作 $U = f(T)$[①]。同时，由于 $H = U + pV$，以及对于理想气体，有 $pV = nRT$，可知 $H = f(T)$，即

$$\left(\frac{\partial H}{\partial V}\right)_T = 0, \left(\frac{\partial H}{\partial p}\right)_T = 0 \tag{3.69}$$

因此我们说，理想气体的热力学能和焓都仅是温度的函数，同样，其等压热容和等容热容也仅是温度的函数。

焦耳实验并不精确。由于水浴热容很大，即使膨胀过程中有一些热交换，温度变化也难以测出。精确实验表明，气体向真空膨胀时，仍存在很小的温度变化。这种温度变化随气体起始压力的减小而减小，只有在气体起始压力趋近于 0，即理想气体时，焦耳定律才完全正确。

3.5.2　焦耳-汤姆逊实验

针对焦耳实验不够精确的问题，焦耳和汤姆逊[②]又做了如下实验，即焦耳-汤姆逊实验，对真实气体进行了研究，得出热力学能和焓不仅仅是温度的函数，还与压力或体积有关。

焦耳-汤姆逊实验装置如图 3.3（a）所示，在一个绝热双汽缸中固定一个多孔塞，汽缸两侧是两个绝热活塞。图中 L 是管子，T_1 和 T_2 是温度计，p_1 和 p_2 是压力计，H 是多孔塞，如图 3.3（a）所示。多孔塞对气体有较大的阻滞作用，使气体不容易很快地通过它，能够在两侧维持一定的压差。设多孔塞左侧压力维持在较高的数值 p_1，气

① 朱文涛，王军民，陈琳．简明物理化学 ［M］．1 版．北京：清华大学出版社，2012.

② 汤姆逊（William Thomson, Lord Kelvin, 1824. 6. 26—1907. 12. 17），即开尔文勋爵，英国物理学家，绝对温标的提出者，1890—1895 年任英国皇家学会会长。他在热力学、电磁学等领域都有重大贡献，曾主持建立了世界上第一条大西洋海底电缆。

体经过多孔塞后压力降为右侧的 p_2。气体起初全在多孔塞左侧，右侧体积为 0，如图 3.3（b）所示。在保持左右压力不变的前提下，将左侧气体逐渐压入右侧，直至气体全部通过多孔塞，左侧体积为 0，如图 3.3（c）所示。在稳定状态下，用温度计 T_1 和 T_2 分别测量两边的温度。这种在绝热条件下高压气体经过多孔塞流到低压一边的过程叫作绝热节流过程，又叫焦耳 – 汤姆逊过程或节流膨胀过程[①]。

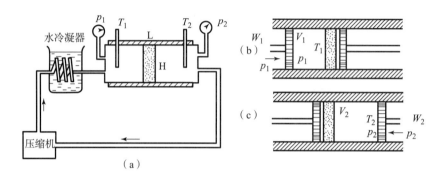

图 3.3　焦耳 – 汤姆逊实验

（a）装置示意图；（b）起始状态；（c）终了状态

过程的功由左右两侧的功组成。左侧气体被压缩，环境对系统做功为

$$W_1 = -p_1 (0 - V_1) = p_1 V_1 \tag{3.70}$$

右侧气体膨胀，环境对系统做功为

$$W_2 = -p_2 (V_2 - 0) = -p_2 V_2 \tag{3.71}$$

整个节流膨胀过程的功为

$$W = W_1 + W_2 = p_1 V_1 - p_2 V_2 \tag{3.72}$$

因为这是一个绝热过程，所以 $Q = 0$，$\Delta U = W$，即

$$U_2 - U_1 = p_1 V_1 - p_2 V_2 \tag{3.73}$$

移项整理得

$$U_2 + p_2 V_2 = U_1 + p_1 V_1 \tag{3.74}$$

即

$$H_2 = H_1 \tag{3.75}$$

所以节流膨胀是一个等焓过程。

在实际生产中，当稳定流动的气体在流动时突然遇到阻力而使压力下降的情况，都可以认为是节流膨胀过程。当始态为常温常压时，多数气体经节流膨胀后温度下降，产生制冷效应；氢、氦等少数气体经节流膨胀后温度升高，产生制热效应。而各种气体在压力足够低时，经节流膨胀后温度基本不变。

为描述这种制冷或制热能力大小，引入焦耳 – 汤姆逊系数（或称节流膨胀系数）

[①]　吴俊芳．热学·统计物理［M］．西安：西北工业大学出版社，2011.

如下：

$$\mu_{J-T} = \left(\frac{\partial T}{\partial p}\right)_H \tag{3.76}$$

$\mu_{J-T} = 0$，表明气体是理想气体，此时的温度称为转化温度，气体经焦耳 - 汤姆逊实验，温度不变，所以理想气体不能被液化；$\mu_{J-T} > 0$，气体节流膨胀后产生制冷效应；$\mu_{J-T} < 0$，气体节流膨胀后产生制热效应。$|\mu_{J-T}|$越大，气体经节流膨胀后的制冷或制热效应越强[①]。

表 3.1 是理想气体在各热力学过程中的功、热、热力学能变和温差。其中有 $*$ 标记的只适用于理想气体系统，其余可适用于任何物质。

表 3.1 理想气体的热力学过程[②]

真空膨胀	W	Q	ΔU	ΔT
（1）等温	0	0^*	0^*	0
（2）绝热	0	0	0	0^*
反抗恒外压膨胀	W	Q	ΔU	ΔT
（1）等温	$-p_{外}\Delta V$	$p_{外}\Delta V^*$	0^*	0
（2）绝热	$-p_{外}\Delta V$	0	$-p_{外}\Delta V$	$\dfrac{-p_{外}\Delta V}{C_V}$
可逆膨胀或压缩	W	Q	ΔU	ΔT
（1）等温	$-nRT\ln\dfrac{V_f}{V_i}{}^*$	$nRT\ln\dfrac{V_f}{V_i}{}^*$	0^*	0
（2）绝热	$C_V\Delta T^*$	0	$C_V\Delta T^*$	$T_i\left[\left(\dfrac{V_f}{V_i}\right)^{\frac{R}{C_{V,m}}}-1\right]^*$

表 3.2 是热力学第一定律在理想气体各特定过程中的应用公式[③]。

表 3.2 理想气体在各特定过程中的 Q，W，ΔU 和 ΔH 应用公式（无非体积功）

过程 \ 物理量	$\mathrm{d}T=0$ （等温）	$\mathrm{d}p=0$ （等压）	$\mathrm{d}V=0$ （等容）	$\mathrm{d}Q=0$ （绝热）
Q	$Q = -W$	$Q_p = \Delta H$	$Q = \Delta U$	0
W	$W = -nRT\ln\dfrac{V_f}{V_i}$ （可逆）	$W = -p\Delta V$	0	$W = nC_{V,m}\Delta T$
ΔU	0	$\Delta U = nC_{V,m}\Delta T$	$\Delta U = nC_{V,m}\Delta T$	$\Delta U = nC_{V,m}\Delta T$
ΔH	0	$\Delta H = nC_{p,m}\Delta T$	$\Delta H = nC_{p,m}\Delta T$	$\Delta H = nC_{p,m}\Delta T$

① 天津大学物理化学教研室编. 物理化学 ［M］. 5 版. 北京：高等教育出版社，2009.

② 阿特金斯 P W. 物理化学 ［M］. 天津大学物理化学教研室，译. 北京：高等教育出版社，1990.

③ 王权，张善昭. 物理化学学习指导 ［M］. 北京：冶金工业出版社，1990.

§3.6 基尔霍夫定律

热力学数据表提供的数据通常是 298.15 K 下的数据。如果反应温度与 298.15 K 差异较大，则必须考虑温度对反应焓变的影响。为了求得其他温度下的热效应，就必须进一步了解反应热效应与温度的关系。基尔霍夫[①]导出了一个从温度 T_1 的反应焓变计算另一温度 T_2 下反应焓变的计算式，称为基尔霍夫定律[②]。

设某反应 R→P 在两个温度下的摩尔反应焓分别是 $\Delta_r H_m(T_1)$ 和 $\Delta_r H_m(T_2)$，它们之间的关系为

$$T_1 \qquad R \xrightarrow{\Delta_r H_m(T_1)} P$$

$$\downarrow \Delta H_1 \qquad \uparrow \Delta H_2$$

$$T_2 \qquad R \xrightarrow[\Delta_r H_m(T_2)]{} P$$

焓是状态函数，根据状态函数的性质，有

$$\Delta_r H_m(T_1) = \Delta_r H_m(T_2) + \Delta H_1 + \Delta H_2 \tag{3.77}$$

$$\Delta H_1 = \int_{T_1}^{T_2} \sum \nu_B C_{p,m}(B, R) \, dT \tag{3.78}$$

$$\Delta H_2 = \int_{T_2}^{T_1} \sum \nu_B C_{p,m}(B, P) \, dT \tag{3.79}$$

式中，ν_B 为化学计量系数，$C_{p,m}(B, R)$ 是各反应物的摩尔定压热容，$C_{p,m}(B, P)$ 是各生成物的摩尔定压热容。于是

$$\Delta H_1 + \Delta H_2 = -\int_{T_1}^{T_2} \sum \nu_B C_{p,m}(B) \, dT \tag{3.80}$$

$$\Delta_r H_m(T_2) = \Delta_r H_m(T_1) - (\Delta H_1 + \Delta H_2)$$

$$= \Delta_r H_m(T_1) + \int_{T_1}^{T_2} \sum \nu_B C_{p,m}(B) \, dT \tag{3.81}$$

式中，$C_{p,m}(B)$ 是反应中各物质的摩尔定压热容。式（3.81）即描述摩尔反应焓 $\Delta_r H_m$ 如何随温度 T 变化的基尔霍夫定律。

当反应压力为 $p^\ominus$，$T_1 = 298.15$ K 时，式（3.81）可变为

$$\Delta_r H_m^\ominus(T) = \Delta_r H_m^\ominus(298.15 \text{ K}) + \int_{298.15}^{T} \sum \nu_B C_{p,m}(B) \, dT \tag{3.82}$$

如有相变，需分段计算。

---

① 基尔霍夫（Gustav Robert Kirchhoff，1824.3.12—1887.10.17），心灵手巧、多才多艺的德国物理学家。他在海德堡大学工作期间发明了光谱仪，与化学家本生（Robert Wilhelm Bunsen，1811.3.30—1899.8.16，德国化学家）合作创立了光谱化学分析法，发现了铯和铷两种元素。

② 白同春. 物理化学［M］. 南京：南京大学出版社，2015.

第3章 习　题

一、分析判断题

1. 已知反应 $A(g) + B(g) = C(g)$，反应热 $\Delta H > 0$，则该反应进行时必定吸热。该说法是否正确？

2. 等压过程的热和等压热效应是一回事。该说法是否正确？

3. 稳定单质的焓值为 0。该说法是否正确？

4. 化合物摩尔生成焓就是 1 mol 该物质所具有的焓值。该说法是否正确？

二、计算题

1. 在山上穿潮湿的衣服是可以致命的。假定体重为 70 kg 的人，他所穿的衣服已经吸收了 1 kg 水并被冷风吹干。那么他损失了多少热量？体温下降多少度？为了弥补热量损失，应补充多少葡萄糖？已知水的摩尔蒸发热为 40.67 kJ/mol；身体的热容和水一样，都是 75.3 J/(K·mol)；葡萄糖的燃烧热为 3.418×10^3 kJ/mol。

2. 已知 25 ℃时丙烷的标准摩尔燃烧焓是 -2.220×10^3 kJ/mol，此温度下液体丙烷的标准摩尔蒸发焓是 15.00 kJ/mol。求此温度下液体丙烷的标准摩尔燃烧焓以及燃烧的 $\Delta U^{\ominus}$。

3. 已知液体丙烷和水的摩尔等压热容分别是 39.0 J/(K·mol) 和 75.5 J/(K·mol)，气态 O_2 和 CO_2 的摩尔等压热容分别是 29.3 J/(K·mol) 和 37.1 J/(K·mol)。结合上题数据，求液体丙烷燃烧的 $\Delta H_m^{\ominus}$（308 K） 和 $\Delta U_m^{\ominus}$（308 K）。

参 考 文 献

[1] 蔡自由，叶国华. 无机化学 [M]. 北京：中国医药科技出版社，2017.

[2] 崔克清. 安全工程大辞典 [M]. 北京：化学工业出版社，1995.

[3] 丁亚茹，张顺. 冶金基础知识 [M]. 北京：冶金工业出版社，2013.

[4] 雷一东，葛喜臣. 化工热力学 [M]. 重庆：重庆大学出版社，1989.

[5] 傅献彩，沈文霞，姚天扬，等. 物理化学 [M]. 5 版. 北京：高等教育出版社，2010.

[6] 汪存信，宋昭华，屈松生. 物理化学（热力学·相平衡·统计热力学）[M]. 1 版. 武汉：武汉大学出版社，2006.

[7] 王承阳，王炳忠. 工程热力学 [M]. 北京：冶金工业出版社，2016.

[8] 林树坤，卢荣. 物理化学 [M]. 2 版. 武汉：华中科技大学出版社，2016.

[9] 王权，张善昭. 物理化学学习指导 [M]. 北京：冶金工业出版社，1990.

[10] 汪晓元. 大学物理学（下）[M]. 3 版. 武汉：武汉理工大学出版社，2016.

[11] 徐送宁，石爱民，王雅红. 大学物理 [M]. 北京：北京理工大学出版社，2014.

[12] 朱文涛，王军民，陈琳. 简明物理化学 [M]. 1 版. 北京：清华大学出版社，2012.

[13] 吴俊芳. 热学·统计物理 [M]. 西安：西北工业大学出版社，2011.

[14] 阿特金斯 P W. 物理化学 [M]. 天津大学物理化学教研室，译. 北京：高等教育出版社，1990.

[15] 白同春. 物理化学 [M]. 南京：南京大学出版社，2015.

[16] 张学铭，耿守忠，刘冰，等. 化学小辞典 [M]. 北京：科学技术文献出版社，1984.

第4章

热力学第二定律

§4.1 熵

4.1.1 自发变化的方向

热力学第一定律引出了热力学能这个状态函数。由于孤立系统能量恒定，因此可以把热力学能当作一个用来判定假设过程是否可以实行的判据：仅当孤立系统的总能量保持恒定时，这些过程才能进行[①]。

热力学第二定律也将引出一个状态函数，它叫作熵，符号为 S。熵变也可以作为判据，它被用来判断一个过程是否能自发进行。当某种变化有自动发生的趋势，一旦发生就无须借助外力，可以自动进行，这种变化称为自发变化，又叫自发过程。自发变化总是使得孤立系统的熵增加，并且伴随着能量品位的下降，也就是能量将递降为更分散更无序的形式。总能量无序分散的变化方向，就是自发变化的方向。

4.1.2 自发变化的特征

自发变化的共同特征是不可逆性，任何自发变化的逆过程都不能自动进行。例如：

（1）气体向真空自由膨胀；

（2）热量从高温物体传入低温物体；

（3）浓度不等的溶液混合均匀；

（4）锌片与硫酸铜发生置换反应；

（5）皮球在地面上越弹越低直到静止。

以上过程的逆过程都不能自动进行。当系统借助外力恢复原状后，会给环境留下不可磨灭的影响[②]。

自发过程有如下特点：

（1）自发过程都有确定的方向。它的逆过程虽然不违反能量守恒定律，但却不会

---

① 阿特金斯 P W. 物理化学［M］. 天津大学物理化学教研室，译. 北京：高等教育出版社，1990.

② 即能够看出曾经发生过什么，过程在环境中留下了印迹，产生了历史。

自动发生。也就是说，自发过程的逆过程不是不能发生，然而一旦发生，即使系统可以借助外力恢复原状，在环境中却一定会留下不可逆转的影响。自发过程的不可逆性，最后都会归结为热与功转换的不可逆性，即热不可能全部变为功而不留下任何影响。

（2）自发过程有一定的限度。这个限度就是所处条件下的平衡态，即系统的宏观性质不再随时间而改变，通常包括热平衡、力平衡、化学平衡和相平衡。

（3）自发过程都有一定的做功能力。系统自身的能量品位因对外做功而下降，且无法自动恢复。

可逆过程是一个无限缓慢的过程，只要稍微改变推动力的方向，就可以改变过程方向。自然界中并不真实存在这种过程，只能近似模拟。

练习 17

讨论一下自然界的自发过程和热力学中的自发过程的区别。

4.1.3 熵的统计观点

热力学第一定律用热力学能来判定过程是否可行，而热力学第二定律则用熵来判定这些可行的过程中有哪些可以自发进行。关于熵的导出有两种观点，一种观点为能量的分散程度可以计算，该观点引出了熵的统计定义；另一种观点为能量的分散程度与过程中的热相关联，该观点将引出熵的热力学定义。

考虑一个由单原子理想气体构成的孤立系统。在这个系统中，原子在何处，动能就在何处。这样，能量的分散程度就可以借由原子的分散程度来进行表征。假定有两个相连的容器 A 和 B，中间以隔板分开。容器 A 的体积为 V_i，其总体积为 $V(A+B) = V_f$，令它们构成一个孤立系统。初始时刻，容器 A 中充满气体，容器 B 是真空。打开两个容器之间的隔板，气体会自发从 A 扩散到充满两个容器，也就是体积从 V_i 扩散到 V_f。这种扩散最可能出现的终态是气体均匀分布在整个体积 V_f 之中。我们用如下说法来表达这种趋势：

自发变化的方向是背离低本征概率[①]的状态，向着较高本征概率的状态。

换言之，平衡态是最可几状态。对于宏观状态来说，哪一种宏观态对应的微观态越多，则出现这种状态的概率也就越大。在热力学中，系统最终要达到的是热力学平衡态，统计力学则希望系统趋向于出现概率最大的那种状态，也就是说，趋向于包含有微观状态最多的状态，这种状态称为最可几状态[②]。最可几状态包含最多数的微观态，即它是热力学概率最大的宏观状态。所以说平衡态是最可几状态。

---

① 本征概率可以理解为出现不同状态的统计权重。
② 张福田. 宏观分子相互作用理论（基础和计算）[M]. 上海：上海科学技术文献出版社，2012.

考虑一个原子。它出现在体积 V_i 中的概率正比于 V_i 的大小，我们用 $\omega(V_i)$ 来表示，即

$$\omega(V_i) = \tau V_i \tag{4.1}$$

式中，τ 是比例系数，是一个常数。

两个原子同时出现在体积 V_i 中的概率为 $\omega(V_i)^2$，N 个原子同时出现在体积 V_i 中的概率 $W(V_i)$ 为 $\omega(V_i)^N$，即

$$W(V_i) = \omega(V_i)^N = \tau^N V_i^N \tag{4.2}$$

N 个原子同时出现在体积 V_f 中的概率 $W(V_f)$ 为 $\omega(V_f)^N$，即

$$W(V_f) = \omega(V_f)^N = \tau^N V_f^N \tag{4.3}$$

由于系统向着更加无序分散的方向自发变化，气体从体积 V_i 扩散到 V_f 的过程也是自发的，其始末态可以通过概率 $W(V_i)$ 和 $W(V_f)$ 来描述。所以很自然地，应该有一个状态函数与 $W(V)$ 相关，它可以用来描述系统的本征概率。这个状态函数就是熵，符号是 S。很明显，熵与物质的量有关，是广度性质。为了使它和系统物质的量呈线性关系，我们令熵与 $W(V)$ 的对数成正比①，即

$$S(V) \propto \ln W(V) \tag{4.4}$$

或

$$S(V) = k \ln W(V) \tag{4.5}$$

式中，k 是玻尔兹曼常数，$k = 1.38 \times 10^{-23}$ J/K。所以熵的单位也是 J/K。玻尔兹曼常数 k 和摩尔气体常数 R 及阿伏伽德罗常数 N_A 之间的关系是

$$k = \frac{R}{N_A} \tag{4.6}$$

当系统中物质的量加倍，从 N 变为 $2N$ 时，$W(V)$ 变为 $W(V)^2$，熵也从原来的 $S_1(V) = k \ln W(V)$ 变为

$$S_2(V) = 2k \ln W(V) = 2S_1(V) \tag{4.7}$$

即随着系统物质的量加倍，熵也加倍，满足广度性质的要求。

以下我们进一步考虑在孤立系统②中，n mol($n = N/N_A$) 理想气体由 V_i 自由膨胀到 V_f，这个过程的总熵变 ΔS 的计算：

$$
\begin{aligned}
\Delta S &= S(V_f) - S(V_i) \\
&= k \ln W(V_f) - k \ln W(V_i) \\
&= k \ln(\tau^N V_f^N) - k \ln(\tau^N V_i^N) \\
&= kN[\ln(\tau V_f) - \ln(\tau V_i)]
\end{aligned}
$$

---

① 采用对数不改变函数的增减性。

② 这个孤立系其实是由封闭系统和环境共同构成的，否则体积变化就没有意义了。因此我们才说这个过程的"总熵变"而不说"熵变"，总熵变 = 系统熵变 + 环境熵变。

$$= kN\ln\frac{V_f}{V_i}$$

$$= knN_A\ln\frac{V_f}{V_i}$$

$$= nR\ln\frac{V_f}{V_i} \tag{4.8}$$

如果 $V_f > V_i$，$\Delta S > 0$。回到我们推理的最初，既然气体膨胀是一个自发过程，那么气体就不可能自发减小体积（自发过程的逆过程不能自动进行），所以，不可能有 $V_f < V_i$，也就不会有 $\Delta S < 0$。

换言之，孤立系统的熵永不减少[①]。这也是热力学第二定律的一种表述。而熵是热力学第二定律的核心概念。

理想气体的真空自由膨胀是一个等温的过程，所以式（4.8）适用于孤立系统理想气体等温变化过程。

从统计的观点来看，熵衡量了能量无序分散的程度，而自发变化指向较高熵值的状态。不可逆过程会造成熵的增加，而可逆过程不会造成熵的增加（但是可以引起熵的转移，从系统转移到环境或者相反）。

封闭系统里发生的过程都是对时间不可逆的过程。这一经验事实和热力学第二定律给了我们相同的结论：在由许多组分组成的封闭系统中，有序分布后面总是一个无序分布，而不是反过来[②]。

§4.2 热力学第二定律

4.2.1 热机和制冷机

热机指的是把燃料燃烧放出的热力学能通过工作物质（简称工质）转化为机械能并对外做功的机器。其种类包括蒸汽机、内燃机、汽轮机等。

热机的工作过程可以看作是一个循环过程[③]。热机从高温热源（温度为 T_h）吸热 $Q_h(Q_h > 0)$，对环境做功 $W(W < 0)$，同时向低温热源放热 $Q_c(Q_c < 0)$，然后再从高温热源吸热，完成一个循环。热机经历一个循环后，吸收的热量 Q_h 不能全部转化为功，转化为功的只是 $-W = Q_h + Q_c$。把热转化为功的效率定义为热机效率[④]，符号为 η，即

$$\eta \stackrel{\text{def}}{=\!=\!=} \frac{-W}{Q_h} = \frac{Q_h + Q_c}{Q_h} = 1 + \frac{Q_c}{Q_h} \tag{4.9}$$

---

① 热力学定律的文字表述往往有很多种，不同的表述侧重不同，但本质是一样的。
② 李翠莲. 大学物理精讲与典型难题详解（上册）. 上海：上海交通大学出版社，2017.
③ 傅玉普，王新平. 物理化学简明教程［M］. 2 版. 大连：大连理工大学出版社，2007.
④ 热机效率又叫热机转换系数或循环效率。

或写成绝对值的方式

$$\eta = 1 - \frac{|Q_c|}{|Q_h|} \tag{4.10}$$

在热机中，工作物质做正循环。在 $p-V$ 图上，正循环按顺时针方向进行。

热机效率是衡量热机效能的重要参量，通常用百分数来表示。在热机循环中，工作物质总要向外界放出一部分热量，即 Q_c 不能等于 0，所以热机效率永远小于 1，即 $\eta < 1$。不同的热机虽然在工作方式、效率上各不相同，但工作原理却基本相同，都是不断地把热量转变为功[①]。

第一类永动机的效率大于 1。由热力学第一定律可知，第一类永动机造不出来，所以热机效率不可能大于 1。

第二类永动机并不违反热力学第一定律，它可以从单一热源不断提取热量，将其完全转化为功，也就是 $Q_c = 0$，$\eta = 1$。但实践证明这是不可能的。系统如果不对外散热，就不能做功，热机都有巨大的散热板。第二类永动机违反了热力学第二定律，因而也是不可能制成的。"第二类永动机是不可能造成的"，这本身就是热力学第二定律的一种表述。

制冷机是利用外界做功，使热量由低温处流到高温处，从而获得低温的机器。在制冷机中，工作物质做逆循环。在 $p-V$ 图上，逆循环按逆时针方向进行[②]。

制冷机从低温热源吸取热量而膨胀，在压缩过程中把热量传给高温热源。为了实现这一点，外界必须对制冷机做功。设 $Q_c (Q_c > 0)$ 为制冷机从低温热源吸收的热量，$W(W > 0)$ 为外界对它做的功，$Q_h (Q_h < 0)$ 为它传给高温热源的热量。当制冷机完成一个逆循环后，有 $-W = Q_h + Q_c$。把所吸的热与所做的功之比称为制冷系数[③]，用 β 表示，即

$$\beta \overset{\text{def}}{=\!=} \frac{Q_c}{-(Q_h + Q_c)} \tag{4.11}$$

或写成绝对值的方式

$$\beta = \frac{Q_c}{|Q_h| - |Q_c|} \tag{4.12}$$

4.2.2　热力学第二定律的两种表述

以下是常见的热力学第二定律的两种表述。

开尔文表述：不可能从单一热源吸收热量，使它完全转变为功，而不引起其他变化。

---

①　袁艳红．大学物理学（上）［M］．2 版．北京：清华大学出版社，2016．

②　王平建．大学物理（上）［M］．西安：西安电子科技大学出版社，2014．

③　制冷系数又叫冷冻系数。

克劳修斯表述：不可能把热量从低温物体传向高温物体，而不引起其他变化。

在开尔文表述中应该强调两点：第一，所谓"单一热源"是指温度均匀的热源。如果热源温度不均匀，工作物质就可以从温度较高的部分吸热而向温度较低的部分放热，这实际上就相当于两个热源了。第二，所谓"其他变化"是指除了从单一热源吸热并把它全部用来做功以外的其他变化[①]。

开尔文表述说明，要把从某一单一热源吸收的热量完全转变为功，就一定会引起其他变化。比如说，利用汽缸中的气体从单一热源吸热进行等温膨胀，可以使气体吸收的热量全部转变为功。但此时气体的体积发生了改变，也就是引起了"其他变化"。而对于孤立系统，由于和外界没有能量交换，就不可能发生由热向功的转变[②]。开尔文表述否定了热机效率达到 1 的可能性，后来被奥斯特瓦尔德[③]表述为："第二类永动机是不可能造成的"。

对于热机循环，因为工作物质完成一个循环时本身恢复原状，没有发生什么变化，所以不可能把从单一的高温热源中吸取的热量全部用来对外界做功，而必须将其中的一部分传给另一个低温热源。因此，工质在热机循环中要实现将热能转换为机械能，至少要有两个热源，且热效率不可能达到 1。这就是在循环中热变功的条件和限度。这个结论是从热力学第二定律直接得出的，对于任意工质的和由任意过程组成的热机循环都适用。

克劳修斯表述说明，要把热量从低温物体传向高温物体，就一定会引起其他变化。比如说，我们可以利用制冷机把热量从低温物体传向高温物体，但必须依靠压缩机做功实现。压缩机做功就是"其他变化"。对孤立系统而言，没有外界做功，也就不会发生热量从低温区域传向高温区域的过程。

把克劳修斯表述应用到制冷循环可以看出，经过一个循环，工质恢复了原状，实现了把热量从低温物体传向高温物体，这就必然在外界产生其他变化（比如消耗了功，并将功转换为热量传给了高温物体）。这一结论是从热力学第二定律直接得出的，对于任意工质和由任意过程组成的制冷循环都适用。根据式（4.11），制冷循环的制冷系数 β 为工质从低温热源吸热量 Q_c 与消耗外界净功 W 之比，因 W 不可能为 0，所以制冷系数 β 不可能为无穷大[④]。

关于热力学第二定律的这两种表述是等效的。违反其中一个，必然也违反另一个。例如，违反开尔文表述，就必然导致违反克劳修斯表述。设某系统能从某恒温单一热源吸收热量，使之完全转化为功而不产生其他变化，这是违反开尔文表述的。这份功

① 白少民，李卫东．基础物理学教程（下）[M]．2 版．西安：西安交通大学出版社，2014.

② 陈俊，皇甫泉生，严非男，等．大学物理基础（上）[M]．北京：清华大学出版社，2017.

③ 奥斯特瓦尔德（Friedrich Wilhelm Ostwald，1853.9.2—1932.4.4），德国物理化学家，是物理化学的创始人之一。1909 年因其在催化剂的作用、化学平衡、化学反应速率方面的研究的突出贡献，被授予诺贝尔化学奖。

④ 舒宏纪．工程热力学和传热学 [M]．大连：大连海事大学出版社，1989.

可以通过摩擦转化为热量，并且被另一较高温度的热源所吸收。其总效果就是在没有产生其他变化的情形下，把热量从低温物体传到了高温物体，于是违反了克劳修斯表述。反之亦然。

4.2.3　卡诺循环和卡诺定理

法国工程师卡诺[①]在 1824 年研究了一种理想热机，他把热机的运作概括成如下4 步[②]：

（1）工作介质在恒温下从高温热源吸热并膨胀；

（2）工作介质在绝热条件下膨胀，推动活塞做功；

（3）工作介质在恒温下向低温热源放热并压缩；

（4）工作介质在绝热条件下压缩，返回始态，完成一个循环。

若循环是准静态无摩擦地进行，使正循环所产生的变化（指对外界产生的效果）被逆循环完全复原，则称此循环为可逆循环，而作可逆循环的热机和制冷机则称为可逆热机。卡诺循环中每个过程都是平衡过程，是由两个等温和两个绝热的准静态过程构成，而且不计摩擦和漏热等损耗。所以，卡诺热机属于可逆热机[③]。图 4.1 是卡诺热机示意图。

卡诺在研究卡诺循环时曾提出了如下卡诺定理：

在相同的高温热源（温度设为 T_h）与相同的低温热源（温度设为 T_c）之间工作的一切不可逆热机的效率 η，不可能高于（实际上是小于）可逆热机的效率 η_r，即 $\eta \leqslant \eta_r$。

卡诺定理可用热力学第二定律证明如下：假定有一热机，其效率 η 高于可逆热机的效率 η_r。设此热机与可逆热机从高温热源吸热相等，则其所做的功应大于可逆热机，而对低温热源所放的热应少于可逆热机。现将可逆热机倒转成为可逆冷机，将此热机与可逆冷机耦合。进出高温热源的热量

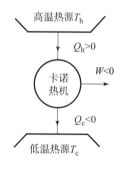

图中文字：高温热源T_h　　$Q_h>0$　　卡诺热机　　$W<0$　　$Q_c<0$　　低温热源T_c

图 4.1　卡诺热机示意图

正好抵消，由于此热机做的功比可逆冷机的多，所以系统会对环境做净功。这样一来，因为要满足能量守恒，所以系统必然要从低温热源吸热。整个过程的总效果就是从低温热源吸热并完全转变为功。这是违反热力学第二定律的，因此 η 不可能大于 η_r，只能有 $\eta \leqslant \eta_r$ 成立。

卡诺定理的推论为：在相同的高温热源（温度设为 T_h）与相同的低温热源（温度

---

① 卡诺（Nicolas Léonard Sadi Carnot，1796.6.1—1832.8.24），他是热力学第二定律的理论基础建立者。1824年，卡诺发表了《关于火的动力》一书，在这本著作中提出了"卡诺热机""卡诺循环"和"卡诺定理"，为热力学第二定律的提出打下了坚实的基础。

② 刘国杰，黑恩成，史济斌. 物理化学——理解·释疑·思考［M］. 北京：科学出版社，2015.

③ 陈俊，皇甫泉生，严非男，等. 大学物理基础（上）［M］. 北京：清华大学出版社，2017.

设为 T_c）之间工作的一切可逆热机，其效率都相同，而与工作物质无关。

证明如下：设有两个不同的可逆热机 A 和 B，根据卡诺定理，因为 A 是可逆热机，所以有 $\eta_B \leqslant \eta_A$。又因为 B 也是可逆热机，所以同样有 $\eta_A \leqslant \eta_B$。因此只有一种可能，$\eta_A = \eta_B$[①]。

卡诺定理的意义是：

（1）如果从高温热源吸收同样的热，不可逆热机做的功一定小于可逆热机，不可逆循环一定会引起功的损失和能量品位的降低。

（2）卡诺循环与工作物质无关，也与其中发生的具体变化无关。热力学第二定律讨论热和功转换的方向和限度，卡诺定理则把它和任意的宏观过程联系了起来。

4.2.4　理想气体的卡诺循环

按照卡诺定理及其推论，卡诺热机（即可逆热机）的效率与工作物质无关，所以，我们可以假定一个以理想气体为工质的卡诺热机，它的效率就是所有工作于同温热源下的所有可逆热机的效率。图 4.2 就是理想气体的卡诺循环示意图。

设该热机的工作物质是 1 mol 理想气体，热机从温度为 T_h 的高温热源接受热量，向温度为 T_c 的低温热源放出热量。热机分以下 4 步完成一个可逆循环：

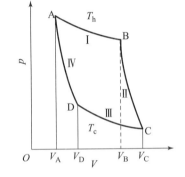

Ⅰ．它在与高温热源 T_h 接触时进行吸热的恒温可逆膨胀（A→B），对外做功；

Ⅱ．然后再进行绝热可逆膨胀，继续对外做功（B→C）直到温度降到 T_c；

Ⅲ．此时再与低温热源 T_c 接触进行恒温可逆压缩，放出热量（C→D）；

图 4.2　理想气体的卡诺循环示意图

Ⅳ．最后绝热可逆压缩到终态（D→A），完成一个循环。

下面具体分析这个循环过程中的功和热，然后求出卡诺热机的效率[②]。

Ⅰ．恒温可逆膨胀过程（A→B）。在此过程中，系统吸收了 $Q_1 = Q_h$ 的热量，向环境输出 W_1 的功。因为理想气体的热力学能只是温度的函数，所以在恒温过程中，$\Delta U_1 = 0$，因而有

$$W_1 = -Q_1 = -RT_h \ln \frac{V_B}{V_A} < 0 \tag{4.13}$$

其值等于 AB 曲线下面积的负值。

Ⅱ．绝热可逆膨胀过程（B→C）。在此过程中，系统的温度由 T_h 下降到 T_c，$Q_2 =$

———————
① 天津大学物理化学教研室．物理化学［M］.5 版．北京：高等教育出版社，2009.
② 范康年．物理化学［M］.2 版．北京：高等教育出版社，2005.

0，所以

$$W_2 = \Delta U_2 = C_V(T_c - T_h) < 0 \tag{4.14}$$

其值等于 BC 曲线下面积的负值。

Ⅲ. 恒温可逆压缩过程（C→D）。在此过程中，系统放出热量 $Q_3 = Q_c$，环境对系统做功 W_3。由于 $\Delta U_3 = 0$，所以

$$W_3 = -Q_3 = -RT_c \ln \frac{V_D}{V_C} > 0 \tag{4.15}$$

其值等于 CD 曲线下的面积。

Ⅳ. 绝热可逆压缩过程（D→A）。在此过程中，系统的温度由 T_c 升到 T_h，$Q_4 = 0$，所以

$$W_4 = \Delta U_4 = C_V(T_h - T_c) > 0 \tag{4.16}$$

其值等于 DA 曲线下的面积。

经过一个循环，系统恢复原状，$\Delta U = 0$。系统向环境做的功为

$$
\begin{aligned}
-W &= -(W_1 + W_2 + W_3 + W_4) \\
&= RT_h \ln \frac{V_B}{V_A} - C_V(T_c - T_h) + RT_c \ln \frac{V_D}{V_C} - C_V(T_h - T_c) \\
&= RT_h \ln \frac{V_B}{V_A} + RT_c \ln \frac{V_D}{V_C} \\
&= RT_h \ln \frac{V_B}{V_A} - RT_c \ln \frac{V_C}{V_D}
\end{aligned} \tag{4.17}
$$

其值为 ABCD 所包围面积的负值。

因为Ⅱ和Ⅲ是绝热过程，有

$$T_h V_B^{\gamma-1} = T_c V_C^{\gamma-1}, \quad T_h V_A^{\gamma-1} = T_c V_D^{\gamma-1} \tag{4.18}$$

两式相除，可得

$$\frac{V_B}{V_A} = \frac{V_C}{V_D} \tag{4.19}$$

把式（4.19）代入式（4.17），整理可得

$$-W = R(T_h - T_c) \ln \frac{V_B}{V_A} \tag{4.20}$$

按照式（4.9），卡诺热机的热机效率为

$$\eta = -W/Q_h$$

$$= \frac{R(T_h - T_c) \ln \dfrac{V_B}{V_A}}{RT_h \ln \dfrac{V_B}{V_A}}$$

$$= \frac{T_h - T_c}{T_h}$$

$$= 1 - \frac{T_c}{T_h} \qquad (4.21)$$

完成一个循环过程后，$\Delta U = 0$，而整个过程的热效应 Q 为

$$Q = Q_1 + Q_2 + Q_3 + Q_4 = Q_1 + Q_3 = Q_h + Q_c \qquad (4.22)$$

所以系统对环境做的功为

$$-W = Q = Q_h + Q_c \qquad (4.23)$$

因此卡诺热机的热机效率还可以写成

$$\eta = -\frac{W}{Q_h}$$

$$= \frac{Q_h + Q_c}{Q_h}$$

$$= 1 + \frac{Q_c}{Q_h} \qquad (4.24)$$

比较式（4.21）和式（4.24），可得

$$\frac{Q_c}{T_c} + \frac{Q_h}{T_h} = 0 \qquad (4.25)$$

由卡诺定理及其推论可知，在相同的高温热源（温度设为 T_h）与相同的低温热源（温度设为 T_c）之间工作的一切不可逆热机的效率 η，不可能高于（实际上是小于）可逆热机的效率 η_r，即 $\eta \leqslant 1 - T_c/T_h$。而在相同的高温热源（温度设为 T_h）与相同的低温热源（温度设为 T_c）之间工作的一切可逆热机，其效率 η 都为 $1 - T_c/T_h$，与工作物质无关。

由式（4.21）可知：

（1）卡诺热机的效率与两个热源的温度有关，只有在 $T_c = 0$ K 时，才有 $\eta = 1$。后文的热力学第三定律将告诉我们，0 K 无法达到，所以任何一个热机其效率都不可能达到 1，必然有部分能量无法利用、不能做功，只能以热的形式散出。换句话说，就是不散热，不做功。所以所有热机都必须配散热器。热机效率的最大限度为 $1 - T_c/T_h$。

（2）两个热源的温差越大，热机效率越高。如果温差为 0，效率就为 0，所以热机不可能从单一热源获得能量做功，因为这时热机无从散热。

练习 18

尝试画出用 $T-S$ 坐标表示的卡诺循环图，并用此图推导出卡诺热机的效率。

4.2.5　热力学温标

根据卡诺定理，在相同的两个热源之间工作的所有可逆热机具有相同的热机效率。在卡诺定理中，并未指定热机种类，也不指定工作物质，所以，热机效率和热机种类及工质无关。唯一可能影响热机效率的就只有热源的温度，也就是说，热机效率只取决于两个热源的温度[1]。这给我们提供了一个建立热力学绝对温标的方法。

考虑一个在高温热源 T_h 和低温热源 T_c 之间运行的可逆热机，有

$$\eta = f(T_h, T_c) \tag{4.26}$$

由式（4.25）可得

$$\frac{T_c}{T_h} = \frac{|Q_c|}{|Q_h|} \tag{4.27}$$

式中，Q_h 和 Q_c 分别为热机从高温热源吸的热和向低温热源散的热，$|Q_h|$ 和 $|Q_c|$ 分别为其绝对值。这种处理有助于建立热力学温标[2]。

指定处于水三相点的低温热源（冷源）的热力学温度 T^* 为 273.16 K，假定有一可逆热机在该热源与另一未知温度的热源之间运行，则未知温度 T 与 T^* 的关系为

$$\frac{T}{T^*} = \frac{Q}{Q^*} \tag{4.28}$$

即

$$T = 273.16 \times \frac{Q}{Q^*} \tag{4.29}$$

式中，Q 为热机从温度为 T 的热源吸收的热量，Q^* 为热机排给温度为 273.16 K 的冷源的热量。

热机效率与工作物质无关，因此，热力学温标不依赖于测温物质。它规定水的三相点为 273.16 K，即 1 K 为水的三相点的 1/273.16。在此规定下，热力学温标与理想气体温标温度值相等，因而热力学温标有严格相等的温度间隔[3]。

热力学温标的零点即绝对零度，记为 0 K。绝对温标与摄氏温标换算关系是

$$T/K = t/\,℃ + 273.15 \tag{4.30}$$

理想气体温标是以理想气体作为测温物质的温标[4]。理想气体温标可以从波义耳定律得到，以 T_g 表示理想气体温标指示的温度值，有

$$pV \propto T_g \tag{4.31}$$

---

[1]　黄晓明，许国良. 工程热力学［M］. 北京：中国电力出版社，2015.

[2]　热力学温标又名绝对温标或开氏温标，是建立在卡诺循环基础上的理想温标。1927 年第七届国际计量大会曾采用为基本温标。1960 年第十一届国际计量大会规定热力学温度以开尔文（符号为 K）为单位，规定水的三相点为 273.16 K。

[3]　科学出版社名词室. 物理学词典第 6 分册 分子与原子物理学［M］. 北京：科学出版社，1988.

[4]　张三慧. 大学物理学简程［M］. K2 版. 北京：清华大学出版社，2016.

以 p^*，V^* 表示一定质量的理想气体在水的三相点温度 T^* 下的压力和体积，以 p，V 表示该气体在任意温度 T_g 下的压力和体积，由式（4.31）可得

$$\frac{T_g}{T^*} = \frac{pV}{p^* V^*} \tag{4.32}$$

或

$$T_g = T^* \frac{pV}{p^* V^*} = 273.16 \times \frac{pV}{p^* V^*} \tag{4.33}$$

在理想气体温标有效范围内，理想气体温标和热力学温标是完全一致的，所以我们用一个符号 T 来表示它们。

由式（4.27）可以得到可逆热机效率和制冷系数的另外的表达式，即

$$\eta = 1 - \frac{T_c}{T_h} = \frac{\Delta T}{T_h} \tag{4.34}$$

$$\beta = \frac{T_c}{T_h - T_c} = \frac{T_c}{\Delta T} \tag{4.35}$$

式中，$\Delta T = T_h - T_c$。由式（4.34）和式（4.35）可知，可逆热机的效率，只与两个热源的温度有关。高温热源和低温热源之间的温差越大，热机效率越大；而制冷机消耗的外界功越少，吸收的热量越多，制冷机的性能就越好。

§4.3 过程可自发进行的判据

4.3.1 卡诺循环的热温商

对于无限小的卡诺循环，式（4.25）可变为

$$\frac{dQ_c}{T_c} + \frac{dQ_h}{T_h} = 0 \tag{4.36}$$

比值 $\dfrac{Q_c}{T_c}\left(\dfrac{Q_h}{T_h}\right)$ 或 $\dfrac{dQ_c}{T_c}\left(\dfrac{dQ_h}{T_h}\right)$ 叫作热温商，即过程的热除以绝对温度（环境温度）所得的商[①]。对于绝热过程来说，热温商为 0。式（4.25）表明，经过卡诺循环（即可逆循环）之后，过程的热温商为 0。

换言之，我们可以这样考虑，有一个函数经过卡诺循环之后，其差值为 0；也就是说，它在末态和始态相同的时候，值是一样的。这正是我们已经熟悉的状态函数的性质，在这里，我们把这种状态函数叫作熵，熵的符号为 S。熵的热力学定义是由可逆循环的热温商给出的：

---

① 梁英教. 物理化学［M］. 北京：冶金工业出版社，1983.

$$dS = \frac{dQ_r}{T} \tag{4.37}$$

或

$$\Delta S = \frac{Q_r}{T} \tag{4.38}$$

下标"r"表示可逆过程，Q_r 即可逆过程的热效应。式（4.37）和式（4.38）都可以作为熵变的定义，对式（4.37）进行积分就可以得到式（4.38）。

熵被用来衡量高品位能量（功）衰减为低品位能量（热）的程度。由于这个衰减过程是不可逆的，即功可以自发地全部转化为热，而热不能自发地全部转化为功，所以，我们可以利用熵判据来判断一个过程的自发性。

熵变的定义中有可逆热 Q_r，而热是环境和系统之间交换的能量，所以，正如热力学第一定律强调系统和环境之间交换的能量一样，熵也和环境中的变化结果有关①。

由于自发过程不可逆，所以在孤立系统中，任何自发过程都必然导致熵增的结果，也就是系统混乱度增加。只有可逆过程不会引起孤立系统内熵的变化：可逆过程使孤立系统的熵发生转移，某处减少的熵值必然伴随另一处增加同样的熵值。也就是说，我们可以用式（4.39）的形式来说明孤立系统内的这些过程：

$$\Delta S_{孤立} \geq 0 \tag{4.39}$$

式中，$\Delta S_{孤立}$ 为孤立系统总熵变②。

如果是微小变化，可以写为

$$dS_{孤立} \geq 0 \tag{4.40}$$

式（4.39）和式（4.40）说明，可逆过程不改变孤立系统的熵（此时等号成立）③，非可逆过程使孤立系统的熵增加，在孤立系统中，熵不会减少。因此，热力学第二定律的别名又叫"熵增原理"。

4.3.2　克劳修斯不等式

根据卡诺定理，工作于相同的高温热源 T_h 和低温热源 T_c 之间的所有可逆卡诺热机的效率都应相等，$\frac{Q_c}{T_c} + \frac{Q_h}{T_h} = 0$ 成立，其中 Q_h 表示从高温热源吸收热量的数值，Q_c 表示向低温热源放出热量的数值。

把这一过程看成由 n 个微小的卡诺循环组成，如图 4.3 所示，累加起来，$\frac{Q_c}{T_c} + \frac{Q_h}{T_h} = 0$

---

① 阿特金斯 P W. 物理化学 ［M］. 天津大学物理化学教研室，译. 北京：高等教育出版社，1990.

② 对于封闭系统，这个总熵变就是系统熵变和环境熵变之和，也即把封闭系统及其周围环境一起看成一个大的孤立系统。

③ 对于绝热过程，式（4.39）和式（4.40）也成立。

可改写为

$$\sum_{i=1}^{n} \frac{Q_i}{T_i} = 0 \tag{4.41}$$

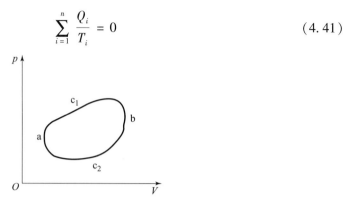

图4.3 一个任意循环过程图

图4.3 是一个任意的可逆循环过程，它可以看作由无限多个卡诺循环组成[1]。

当 $n \to \infty$ 时，式（4.41）可写为

$$\oint \left(\frac{dQ}{T} \right)_r = 0 \tag{4.42}$$

式中，dQ 为系统从温度为 T 的热源中吸取的微小热量，积分符号表示沿循环过程 $a - c_1 - b - c_2 - a$ 的闭合路径进行积分，下标 r 表示可逆过程[2]。

对于不可逆过程，则有 $\oint \dfrac{dQ}{T} < 0$，与式（4.42）合并表示为

$$\oint \frac{dQ}{T} \leqslant 0 \tag{4.43}$$

式（4.43）就是克劳修斯不等式，等号在可逆时成立。

如图4.4 所示，考虑一个由两步组成的循环过程，其中 $a - c_1 - b$ 为可逆过程，$b - c_2 - a$ 为不可逆过程。

将克劳修斯不等式用于图4.4 所示的过程，可得

$$\int_a^b \frac{dQ_r}{T} + \int_b^a \frac{dQ_{ir}}{T} < 0 \tag{4.44}$$

因为 $\int_a^b \dfrac{dQ_r}{T} = -\int_b^a \dfrac{dQ_r}{T}$，代入式（4.44），得到

$$\int_b^a \frac{dQ_{ir}}{T} < \int_b^a \frac{dQ_r}{T} = \Delta S \tag{4.45}$$

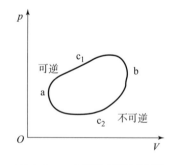

图4.4 一个两步循环过程图

① 梁德余. 大学基础物理［M］. 广州：华南理工大学出版社，2005.

② 袁广宇. 大学物理学（上）［M］. 合肥：中国科学技术大学出版社，2018.

即 $\Delta S > \int_b^a \dfrac{\mathrm{d}Q_{ir}}{T}$ 或 $\mathrm{d}S > \dfrac{\mathrm{d}Q_{ir}}{T}$，以及 $\Delta S = \int_b^a \dfrac{\mathrm{d}Q_r}{T}$ 或 $\mathrm{d}S = \dfrac{\mathrm{d}Q_r}{T}$，合并两式表示为

$$\Delta S \geqslant \int_b^a \frac{\mathrm{d}Q}{T} \tag{4.46}$$

或

$$\mathrm{d}S \geqslant \frac{\mathrm{d}Q}{T} \tag{4.47}$$

其中，等号在可逆过程时成立，不等号在不可逆过程时成立。式（4.46）和式（4.47）可以作为热力学第二定律的数学表达式[1]。

4.3.3　熵判据

正如本章开头所提到的，熵变也可以作为判据，它被用来判断一个过程是否能自发进行。也就是说，热力学第二定律本身就是关于过程可逆性的判据，也就是熵判据。我们通常直接使用式（4.39）$\Delta S_{孤立} \geqslant 0$ 和式（4.40）$\mathrm{d}S_{孤立} \geqslant 0$ 来判断一个过程能否自发进行，因此它们也被叫作平衡的熵判据。需要注意的是，这两个公式只能在孤立系统中使用。

熵判据表明，在孤立系统中发生任意有限或微小的状态变化时，如果 $\Delta S_{孤立} = 0$ 或 $\mathrm{d}S_{孤立} = 0$，则该系统处于平衡态；导致孤立系统熵增，即 $\Delta S_{孤立} > 0$ 或 $\mathrm{d}S_{孤立} > 0$ 的过程，有可能自发进行[2]。

因为孤立系统不和环境发生任何相互作用，所以，在孤立系统中能够实际发生的过程，都是自发的。也就是说，孤立系统的熵有自发进行的趋势，直到达到平衡，熵不再增加，系统的熵达到某个极大值[3]。仅当孤立系统内部达到平衡，使每个变化均为热力学可逆时，$\Delta S = 0$ 才真正适用[4]。任何热力学过程，都是向着趋于平衡的方向进行的，其终点是系统达到平衡，这是熵判据的本质[5]。

在自然界中，并不存在真正的孤立系统，更常见的系统是封闭系统。这时，人们将系统和环境的熵变相加作为一个大的孤立系统，熵判据就变成了总熵判据：

$$\Delta S = \Delta S_{sys} + \Delta S_{sur} \geqslant 0 \tag{4.48}$$

式中，ΔS_{sys} 表示系统熵变，ΔS_{sur} 表示环境熵变。使用总熵判据时，必须满足环境不向

---

① 傅玉普. 多媒体物理化学（上）[M]. 大连：大连理工大学出版社，1998.

② 比如在一个由系统和环境构成的大的孤立系统中发生一个气体的绝热压缩过程，这个过程会造成熵增，但是气体不可能自发进行压缩。

③ 傅玉普，王新平. 物理化学简明教程 [M]. 2 版. 大连：大连理工大学出版社，2007.

④ 阿特金斯 P W. 物理化学 [M]. 天津大学物理化学教研室，译. 北京：高等教育出版社，1990.

⑤ 在不知不觉之间，熵判据中等号成立的条件，已经由熵定义中的可逆过程变成了系统的平衡状态。这是一个非常重要的转变。

系统做功的条件[1]。

熵判据和总熵判据都给出了关于一个过程的方向和限度的判断。

熵是热力学第二定律的核心概念。我们在研究卡诺循环的时候得到了关于热机效率的结果，即式（4.25）$\dfrac{Q_c}{T_c}+\dfrac{Q_h}{T_h}=0$。

也就是说，这两个热温商之和为 0，这就让我们想起了状态函数的性质：系统经过一系列变化后恢复到初始状态，状态函数也恢复为初始数值，即状态函数变化为 0。

经过一个卡诺（可逆）循环，低温热源的热温商和高温热源的热温商之和为 0，可以推测，在可逆条件下热温商具有状态函数的性质。可逆过程的热温商，只取决于始态和终态，和具体哪条可逆途径无关。我们可以引入一个状态函数来描述这种情形，这个状态函数就是熵。对于任意可逆循环，低温热源的热温商和高温热源的热温商之和都为 0。因为任意可逆循环都可以被分解为无穷多个卡诺循环。所以正如前所说，熵的定义就是：式（4.37）$dS=\dfrac{dQ_r}{T}$ 或式（4.38）$\Delta S=\dfrac{Q_r}{T}$。Q_r 为可逆过程的热效应，非可逆过程等号不成立。

可逆过程要求过程中的每一步骤都可逆，只要有一步不可逆，整个过程就是不可逆的。

练习 19

1. 尝试分析孤立系统熵判据和封闭系统总熵判据的区别。
2. 分析一下，在使用总熵判据时为什么要求环境不向系统做功？

4.3.4　系统熵变的计算

系统熵变是根据熵的定义来计算的，$dS=\dfrac{dQ_r}{T}$，积分就可以计算得到

$$\Delta S=\int\dfrac{dQ_r}{T} \tag{4.49}$$

式中，Q_r 为可逆过程热效应，即可逆热，T 为温度。

所以计算的关键在于可逆热 Q_r，Q_r 的大小需要根据热力学第一定律来计算，参见式（2.20）$Q=\Delta U-W$，

---

[1]　否则就有可能判断错误。例如，理想气体绝热压缩，对于理想气体这个系统来说，这个过程是一个非自发过程。但对于包含理想气体和环境的大孤立系统来说，这个过程的总熵变大于 0，是个自发过程。这两个结论是互相矛盾的。判断错误的原因就在于，在这个过程中，环境对理想气体系统做了功。

$$Q_r = \Delta U - W_r \tag{4.50}$$

式中，Q_r 为可逆热，W_r 为可逆功，ΔU 为可逆过程的热力学能变。

根据状态函数的性质，可逆过程 $\Delta U = 0$，所以 $Q_r = \Delta U - W_r = -W_r$。

代入 $dW = -p_{外} dV$，有

$$Q_r = -W_r = -\left(-\int_{V_i}^{V_f} p_{外} \, dV \right) \tag{4.51}$$

对于一定量理想气体的等温可逆膨胀过程，理想气体满足 $pV = nRT$，所以 $p = \dfrac{nRT}{V}$；

可逆过程满足 $p_{外} = p_{内}$（见 2.4.1），因此式（4.51）可以进一步推导为

$$
\begin{aligned}
Q_r &= -W_r \\
&= -\left(-\int_{V_i}^{V_f} p_{外} \, dV \right) \\
&= \int_{V_i}^{V_f} p_{内} \, dV \\
&= \int_{V_i}^{V_f} \frac{nRT}{V} dV
\end{aligned} \tag{4.52}
$$

代入式（4.49）可得

$$\Delta S = nR\ln\frac{V_f}{V_i} \tag{4.53}$$

这个结果和式（4.8）一样，这是因为熵也是一种状态函数，所以其变化量只和始末态有关，而和始末态之间的具体途径无关。无论是真空自由膨胀还是等温可逆膨胀，只要始末态相同，对于一定量的理想气体来说，过程的熵变就都是一样的。式（4.53）的使用范围受推导过程中的条件限制，必须满足理想气体等温变化的条件才能使用。

根据定义计算系统熵变，按照具体情况，可以利用所有与可逆热（等压热或等容热）有关的公式以简化计算过程。

由于熵的状态函数性质，任何不可逆过程的熵变计算，都可以通过构造等效的可逆过程来完成，只要保证过程的始末态相同即可。

另外，计算 ΔS，还可以直接积分任何 dS 的表达式，原表达式的成立条件就是推导结果的使用范围。

4.3.5 环境熵变的计算

环境熵变同样也是根据熵的定义来计算的。对于封闭系统，可以将环境看作一系列热源，而且由于环境足够大，可以假定每个热源都很大而且体积固定，在传热过程中温度始终均匀不变，即热源的变化总是可逆的，这样就有

$$\Delta S_{sur} = -\int \frac{dQ_{sur}}{T_{sur}} = -\frac{Q_{sur}}{T_{sur}} \tag{4.54}$$

式中，Q_{sur} 为环境产生的热效应，T_{sur} 为环境温度。

例 4.1 10 mol 理想气体，由 298.15 K，1.000 MPa 膨胀到 298.15 K，0.100 MPa。假定过程分别为：

（1）可逆膨胀；

（2）自由膨胀；

（3）对抗恒外压 0.100 MPa 膨胀。

试计算不同过程的系统熵变和环境熵变。

解：题中三个过程的始末态相同，因此系统熵变一样，可以通过可逆过程计算出来。

$$\Delta S_{sys} = nR\ln\frac{V_f}{V_i} = nR\ln\frac{p_i}{p_f} = \left(10 \times 8.314 \times \ln\frac{1.000}{0.100}\right) \text{J/K} = 191 \text{ J/K}$$

环境熵变计算如下：

（1）可逆过程总熵变为 0，$\Delta S_{sur-1} = -\Delta S_{sys} = -191$ J/K

（2）自由膨胀不做功，$W_2 = 0$；一定量理想气体温度不变，$\Delta U_2 = 0$；$Q_2 = \Delta U_2 - W_2 = 0$，$\Delta S_{sur-2} = \dfrac{Q_2}{T} = 0$

（3）一定量理想气体温度不变，$\Delta U_3 = 0$

$$Q_3 = \Delta U_3 - W_3 = -W_3 = -p_{sur-3}(V_f - V_i) = -nRTp_{sur-3}\left(\frac{1}{p_f} - \frac{1}{p_i}\right)$$

$$\Delta S_{sur-3} = \frac{Q_3}{T} = -nRp_{sur-3}\left(\frac{1}{p_f} - \frac{1}{p_i}\right)$$

$$= -10 \times 8.314 \times 0.100 \times \left(\frac{1}{0.100} - \frac{1}{1.000}\right) \text{J/K}$$

$$= -10 \times 8.314 \times 0.100 \times (10.0 - 1.000) \text{J/K}$$

$$= -10 \times 8.314 \times 0.100 \times 9.0 \text{ J/K}$$

$$= -75 \text{ J/K}$$

答：三个过程的系统熵变均为 191 J/K，可逆膨胀过程的环境熵变为 -191 J/K，自由膨胀过程的环境熵变为 0，对抗恒外压膨胀过程的环境熵变为 -75 J/K。

例 4.2 一绝热容器被隔板分成体积相等的两部分，左边有 1 mol 284.15 K 的 O_2，右边有 1 mol 294.15 K 的 H_2。设两种气体均为理想气体，已知 $C_{p,m}^{\Theta} = \dfrac{7}{2}R$。

（1）求两边温度相等时的总熵变；

（2）若将隔板抽去，求总熵变。

解：系统总熵变就等于系统各部分熵变之和。根据本题条件，$Q = 0$，$W = 0$，所以 $\Delta U = 0$。$C_{V,m}^{\Theta} = C_{p,m}^{\Theta} - R = \dfrac{7}{2}R - R = \dfrac{5}{2}R$

（1）两部分气体体积都保持不变，是等容过程，有 $\Delta U_1 = Q_1 = n_1 C_{V,m}^{\ominus}(T - T_1)$，$\Delta U_2 = Q_2 = n_2 C_{V,m}^{\ominus}(T - T_2)$，所以该过程总热力学能变为

$$\Delta U_{\mathrm{I}} = \Delta U_1 + \Delta U_2 = n_1 C_{V,m}^{\ominus}(T - T_1) + n_2 C_{V,m}^{\ominus}(T - T_2) = 0, \quad n_1 = n_2 = 1 \text{ mol}$$

终态温度 $T = \dfrac{T_1 + T_2}{2} = \dfrac{284.15 \text{ K} + 294.15 \text{ K}}{2} = 288.15 \text{ K}$

对于隔板两边的气体来说，可以认为都是等容可逆变温的过程，此过程做功为 0。此时 $\mathrm{d}_V S = \dfrac{\mathrm{d} Q_{r,V}}{T} = \dfrac{\mathrm{d}_V U}{T} = \dfrac{n C_{V,m}^{\ominus} \mathrm{d} T}{T}$，$C_V$ 恒定时，有 $\Delta_V S = n C_{V,m}^{\ominus} \ln \dfrac{T_f}{T_i}$①。这样一来，该过程总熵变为

$$
\begin{aligned}
\Delta S_{\mathrm{I}} &= \Delta S_1 + \Delta S_2 = n_1 C_{V,m}^{\ominus}(T - T_1) + n_2 C_{V,m}^{\ominus}(T - T_2) \\
&= n_1 C_{V,m}^{\ominus} \ln \frac{T}{T_1} + n_2 C_{V,m}^{\ominus} \ln \frac{T}{T_2} \\
&= n_1 C_{V,m}^{\ominus} \left(\ln \frac{T}{T_1} + \ln \frac{T}{T_2} \right) \\
&= 1 \times \frac{5}{2} \times 8.314 \times \left(\ln \frac{288.15}{284.15} + \ln \frac{288.15}{294.15} \right) \text{ J/K} \\
&= 1 \times \frac{5}{2} \times 8.314 \times (0.017\,504 - 0.017\,203) \text{ J/K} \\
&= 1 \times \frac{5}{2} \times 8.314 \times 0.000\,301 \text{ J/K} \\
&= 0.006\,26 \text{ J/K}
\end{aligned}
$$

（2）这个过程相当于在前一个过程的基础上，两种气体进行了恒温混合，分别把体积扩散到了原来的两倍。气体扩散过程是不可逆的，可以用恒温可逆过程来等效替换。该过程的熵变就是式（4.53）$\Delta S_{\mathrm{mix}} = nR \ln \dfrac{V_f}{V_i}$。所以两种气体在恒温混合过程中各自的熵变为 $\Delta S_1' = n_1 R \ln \dfrac{V}{V_1}$，$\Delta S_2' = n_2 R \ln \dfrac{V}{V_2}$，$V_1 = V_2$，$V = V_1 + V_2 = 2V_1$。恒温混合过程的熵变为

$$
\begin{aligned}
\Delta S_{\mathrm{II}} &= \Delta S_1' + \Delta S_2' = n_1 R \ln \frac{V}{V_1} + n_2 R \ln \frac{V}{V_2} = n_1 R \ln 2 + n_2 R \ln 2 = 2 n_1 R \ln 2 \\
&= 2 \times 1 \times 8.314 \times 0.693 \text{ J/K} \\
&= 11.53 \text{ J/K}
\end{aligned}
$$

总熵变 $\Delta S = \Delta S_{\mathrm{I}} + \Delta S_{\mathrm{II}} = 0.006\,26 \text{ J/K} + 11.53 \text{ J/K} = 11.54 \text{ J/K}$

答：两边温度相等时的总熵变为 $0.006\,26$ J/K，将隔板抽去后总熵变为 11.54 J/K。

---

①　$\Delta_V S$ 表示等容过程的熵变，与此类似，$\Delta_p S$ 表示等压过程的熵变。

练习 20

1. 通过学习例4.2，推导出理想气体定温、定压下混合过程的熵变公式。
2. 尝试推导理想气体各种 pVT 变化过程的熵变公式。

第 4 章　习　　题

一、分析判断题

1. 自发过程的方向就是系统混乱度增加的方向。该说法是否正确？

2. 可逆过程的热温商与熵变相等，不可逆过程的热温商与熵变不等。该说法是否正确？

3. 可逆过程中，系统的熵不变；不可逆过程中，系统熵值增大。该说法是否正确？

4. 自发过程熵值一定增加。该说法是否正确？

5. 理想气体绝热可逆膨胀过程的 $\Delta S = 0$。该说法是否正确？

6. 理想气体绝热不可逆膨胀过程的 $\Delta S > 0$。该说法是否正确？

7. 理想气体绝热不可逆压缩过程的 $\Delta S < 0$。该说法是否正确？

二、计算题

1. 求在容器的一半体积中出现全部气体分子的概率。分子数分别为：

（1）4 个；（2）10 个；（3）1 mol。

2. 将 100 dm^3 的 H$_2$ 和 50 dm^3 的 CH$_4$ 在 300 K，100 kPa 下等温等压混合，计算该过程的混合熵变 ΔS_{mix}。假设气体均为理想气体。

3. 把 50 g 80 ℃ 的热水加入一个绝热容器中，容器内原有 100 g 10 ℃ 的冷水，求过程的熵变。已知 $C_{p,m}^{\ominus} = 75.5$ J/(K·mol)。

4. 在一个 500 cm^3 容器中的氩气，从 25 ℃，1 atm 时加热膨胀到 1 000 cm^3，同时温度升高到 100 ℃，求气体的熵变。

5. 样品氢封闭在一个装有截面为 50 cm^2 活塞的汽缸中，25 ℃ 时体积为 500 cm^3，压力为 2 atm。若恒温时活塞抽出 10 cm，求气体的熵变。

6. 现有 14 g 氮气于室温时按下列条件扩大其体积到原来的 2 倍：

（1）恒温可逆膨胀；

（2）恒温不可逆膨胀；

（3）绝热可逆膨胀。

试分别计算系统、环境及总熵变。

7. 将 12 g O$_2$ 从 20 ℃ 冷却到 −40 ℃，同时压力从 0.1 MPa 升至 6.0 MPa，求过程熵变。O$_2$ 可视为理想气体，已知其 $C_{p,m}^{\ominus} = 29.16$ J/(K·mol)。

参 考 文 献

[1] 阿特金斯 P W. 物理化学 [M]. 天津大学物理化学教研室，译. 北京：高等教育出版社，1990.

[2] 张福田. 宏观分子相互作用理论（基础和计算）[M]. 上海：上海科学技术文献出版社，2012.

[3] 李翠莲. 大学物理精讲与典型难题详解（上册）[M]. 上海：上海交通大学出版社，2017.

[4] 傅玉普，王新平. 物理化学简明教程 [M]. 2 版. 大连：大连理工大学出版社，2007.

[5] 袁艳红. 大学物理学（上）[M]. 2 版. 北京：清华大学出版社，2016.

[6] 王平建. 大学物理（上）[M]. 西安：西安电子科技大学出版社，2014.

[7] 白少民，李卫东. 基础物理学教程（下）[M]. 2 版. 西安：西安交通大学出版社，2014.

[8] 陈俊，皇甫泉生，严非男，等. 大学物理基础（上）[M]. 北京：清华大学出版社，2017.

[9] 舒宏纪. 工程热力学和传热学 [M]. 大连：大连海事大学出版社，1989.

[10] 刘国杰，黑恩成，史济斌. 物理化学——理解·释疑·思考 [M]. 北京：科学出版社，2015.

[11] 天津大学物理化学教研室. 物理化学 [M]. 5 版. 北京：高等教育出版社，2009.

[12] 范康年. 物理化学 [M]. 2 版. 北京：高等教育出版社，2005.

[13] 黄晓明，许国良. 工程热力学 [M]. 北京：中国电力出版社，2015.

[14] 科学出版社名词室. 物理学词典第 6 分册分子与原子物理学 [M]. 北京：科学出版社，1988.

[15] 张三慧. 大学物理学简程 [M]. K2 版. 北京：清华大学出版社，2016.

[16] 梁英教. 物理化学 [M]. 北京：冶金工业出版社，1983.

[17] 梁德余. 大学基础物理 [M]. 广州：华南理工大学出版社，2005.

[18] 袁广宇. 大学物理学（上）[M]. 合肥：中国科学技术大学出版社，2018.

[19] 傅玉普. 多媒体物理化学（上）[M]. 大连：大连理工大学出版社，1998.

第5章
热力学第二定律的应用

§5.1　亥姆霍茨函数判据和吉布斯函数判据

对于真实的化学反应系统来说，熵判据使用起来并不方便。因为真实的化学反应往往发生在封闭系统或者开放系统，而不是孤立系统。这样一来，为了判断反应进行的方向而使用熵判据的话，还要人为地构造一个孤立系统，这是一个容易出错的过程。为了解决这个问题，人们引入了两个新的状态函数及相应判据。

5.1.1　亥姆霍茨函数和亥姆霍茨函数判据

化学反应常见的一种反应条件是等温等容，在这种条件下判断反应进行的方向，就需要使用亥姆霍茨[①]函数判据。

假定系统和环境处于热平衡，即 $T_{sys} = T_{sur} = T$，根据式（4.47）$dS \geqslant \dfrac{dQ}{T}$（可逆过程等号成立），对于等温等容且非体积功 $W' = 0$ 的过程[②]，有

$$dQ_V = dU \tag{5.1}$$

代入式（4.47）$dS \geqslant \dfrac{dQ}{T}$，可得

$$dS \geqslant \frac{dU}{T} \tag{5.2}$$

整理式（5.2），可得

$$dU - TdS \leqslant 0 \tag{5.3}$$

或

$$TdS \geqslant dU \tag{5.4}$$

---

① 亥姆霍兹（Hermann Ludwig Ferdinand von Helmholtz，1821.8.31—1894.9.8），德国生物物理学家、数学家。他是"能量守恒定律"的创立者，在生理学、光学、电动力学、数学、热力学等领域中均有重大贡献。他曾担任海德堡大学生理学教授，是化学家本生（Robert Wilhelm Bunsen，1811.3.31—1899.8.16）的同事。1860 年，亥姆霍茨被选为伦敦皇家学会会员。

② dQ_V 表示体积恒定时的热效应。体积恒定，体积功为 0，当非体积功也为 0 时，过程的总功就为 0。根据热力学第一定律，$dU = dQ + dW$，$dW = 0$，$dU = dQ_V$。

其中，dS 是系统熵变，dU 是系统热力学能变，T 是系统温度，V 是系统体积。强调一下，式（5.3）和式（5.4）的成立条件是等温等容，非体积功 $W' = 0$。

在 T 恒定的条件下，由式（5.3）可得

$$d(U - TS) \leqslant 0 \tag{5.5}$$

等号在可逆过程时成立。

为了研究方便，我们导入一个新的状态函数。令

$$A = U - TS \tag{5.6}$$

A 叫作亥姆霍茨函数或亥姆霍茨自由能[①]，其单位是 J 或 kJ。定义中的符号都是系统的状态函数。

T 恒定时，对式（5.6）进行微分，可得

$$dA = dU - TdS \tag{5.7}$$

把式（5.4）代入式（5.7），可得：

$$dA \leqslant 0 \tag{5.8}$$

其成立条件为 V，T 恒定，且非体积功 $W' = 0$。式（5.8）又可以写成

$$dA_{T,V} \leqslant 0 \tag{5.9}$$

积分式（5.9）可得

$$\Delta A_{T,V} \leqslant 0 \tag{5.10}$$

式（5.9）和式（5.10）即亥姆霍茨函数判据，该判据表明，在等温等容且非体积功为 0 的条件下，一切可能自动进行的过程，都会造成亥姆霍茨函数变小，只有在平衡时，亥姆霍茨函数才不发生变化[②]。也就是说，在等温等容且非体积功为 0 的条件下，过程只能向着亥姆霍茨函数减小的方向自发进行，直到 $\Delta A_{T,V} = 0$ 时系统达到平衡[③]。

正如在熵判据中一样，等号成立的条件从熵的定义式所要求的可逆过程变化到了系统的平衡状态，亥姆霍茨函数判据中的等号成立的条件也是系统达到平衡。这是很显然的，因为亥姆霍茨函数判据就来源于熵判据。但是与熵判据相比，亥姆霍茨函数判据不需要限定孤立系统，因此使用就更为方便了。

T 恒定时积分式（5.7），可得

$$\Delta A_T = \Delta U - T\Delta S \tag{5.11}$$

代入 $\Delta S \geqslant \dfrac{Q_r}{T}$，可得

$$\Delta A_T = \Delta U - T\Delta S \leqslant \Delta U - Q_r \leqslant W_r \tag{5.12}$$

等号在可逆时成立。

---

① 因为 U，T，S 都是状态函数，其组合也是状态函数，所以 A 也是一个具有广度性质的状态函数。
② 天津大学物理化学教研室. 物理化学［M］. 5 版. 北京：高等教育出版社，2009.
③ 傅玉普，王新平. 物理化学简明教程［M］. 2 版. 大连：大连理工大学出版社，2007.

式（5.12）说明，等温过程中，系统亥姆霍茨函数的最大增量等于过程的可逆功。从本书第 2 章我们知道，等温可逆膨胀时，系统对环境做最大功，也就是可逆功，所以亥姆霍茨函数又叫最大功函数或者功函数，有

$$\Delta A_T = W_r \tag{5.13}$$

或写为

$$dA = dW_{max} \tag{5.14}$$

因此，如果知道某过程的 ΔA，就能知道系统在两状态间变化时所能做的最大功。

可逆功 W_r 为可逆体积功 $-\int p dV$ 与可逆非体积功 W_r' 之和，对于等温等容的过程，$dV = 0$，所以可逆体积功为 0，最大功为可逆非体积功，也就是

$$\Delta A_T = W_r' \tag{5.15}$$

式（5.12）和式（5.15）表明，在等温等容条件下，系统亥姆霍茨函数的增量表示了系统所具有的对外做非体积功的能力，其最大值为可逆非体积功。

根据式（5.11）和式（5.13），可以得到

$$-W_{max} = -\Delta A_T = -\Delta U + T\Delta S \tag{5.16}$$

式（5.16）表明，有些情况下，并不能把全部 ΔU 都转化为功，而另外一些情况下功会大于系统的热力学能变，这取决于 $T\Delta S$ 的正负号。如果 ΔS 很大，$T\Delta S$ 为很大的正值，则系统所能做的最大功 $-\Delta A$ 将明显超过 $-\Delta U$。这是因为此时系统并非孤立系统，ΔS 为正值，系统就会吸热，从而增加了做功的能力。如果 ΔS 为负值，系统就会放热给环境，$-\Delta A$ 就会小于 $-\Delta U$[①]。

例 5.1 室温时，葡萄糖在封闭的刚性容器中燃烧，其氧化反应为

$$葡萄糖 + 6O_2 \longrightarrow 6CO_2 + 6H_2O$$

由量热法测得反应的 $\Delta U_m = -2\,810 \text{ kJ/mol}$，$\Delta S_m = 182.4 \text{ J/(K·mol)}$。试求有多少热力学能可以转化为热能？有多少可以转化为功？

解：如果葡萄糖在封闭的刚性容器中燃烧，体积功为 0，则全部热力学能变都以热的形式放出：

$Q_V = \Delta U_m = -2\,810 \text{ kJ/mol}$

如果葡萄糖可逆地缓慢氧化能用来做的功为

$\Delta A = \Delta U - T\Delta S = -2\,810 \text{ kJ/mol} - 298.15 \text{ K} \times 182.4 \times 10^{-3} \text{ kJ/(K·mol)}$

$\quad = -2\,810 \text{ kJ/mol} - 54.38 \text{ kJ/mol}$

$\quad = -2\,864 \text{ kJ/mol}$

答：燃烧时可转化为热能的热力学能为 2 810 kJ/mol，可逆地缓慢氧化时能用来做

---

① 阿特金斯 P W. 物理化学 [M]. 天津大学物理化学教研室，译. 北京：高等教育出版社，1990.

的功为 2 864 kJ/mol[①]。

5.1.2　吉布斯函数和吉布斯函数判据

化学反应常见的一种反应条件是等温等压，在这种条件下判断反应进行的方向，就需要使用吉布斯[②]函数判据。

1878 年，美国著名学者吉布斯提出，判断反应自发性的标准是有用功[③]。吉布斯证明，在等温等压下，如果一个反应能被利用做有用功，这个反应是自发的。如果必须由环境提供有用功才能使反应进行，则这个反应是非自发的[④]。

假定系统和环境处于热平衡，即 $T_{sys} = T_{sur} = T$，根据式（4.47）$dS \geqslant \dfrac{dQ}{T}$（可逆过程等号成立），对于等温等压且非体积功 $W' = 0$ 的过程，有

$$dQ_p = dH \tag{5.17}$$

代入 $dS \geqslant \dfrac{dQ}{T}$，可得

$$dS \geqslant \frac{dH}{T} \tag{5.18}$$

整理式（5.18），可得

$$dH - TdS \leqslant 0 \tag{5.19}$$

或

$$TdS \geqslant dH \tag{5.20}$$

其中，dS 是系统熵变，dH 是系统焓变，T 是系统温度，p 是系统压力。同样强调一下，式（5.19）和式（5.20）的成立条件是等温等压，非体积功 $W' = 0$。

在 T 恒定的条件下，由式（5.19）可得

$$d(H - TS) \leqslant 0 \tag{5.21}$$

等号在可逆过程时成立。

为了研究方便，我们导入一个新的状态函数。令

$$G = H - TS \tag{5.22}$$

---

① 两者之间的差异是因为氧化反应有利于熵增（比如一个大分子产生了许多小分子），$T\Delta S > 0$，系统从环境吸热，于是有利于做功。

② 吉布斯（Josiah Willard Gibbs, 1839.2.11—1903.4.28），美国物理化学家、数学物理学家。吉布斯是一个颇具传奇色彩的科学家，他最为人所知的贡献就是吉布斯相律。相律是相平衡热力学的理论基础，是每一个学习和研究相图的人都必须掌握的技能。但是，在长达十年的时间里，他所就职的耶鲁大学一直不给他发工资，尽管他是全美第一个工程学博士和第一个数学物理学教授。他所完成的《论非均相物体的平衡》一文，奠定了化学热力学的基础，是化学史上最重要的论文之一。物理化学的创始人之一奥斯特瓦尔德曾这样评价吉布斯：“无论从形式还是内容上，他赋予了物理化学整整一百年。”

③ 反应中所放出的能量可以转变为功。功有体积功、电功、机械功等。除体积功以外，其他的功统称为有用功，也即非体积功。

④ 徐志珍. 工科无机化学［M］. 上海：华东理工大学出版社，2018.

G 叫做吉布斯函数或吉布斯自由能①，其单位是 J 或 kJ。定义中的符号都是系统的状态函数。

T 恒定时，对式（5.22）进行微分，可得

$$dG = dH - TdS \tag{5.23}$$

把式（5.20）代入式（5.23），可得

$$dG \leqslant 0 \tag{5.24}$$

其成立条件为 p，T 恒定，且非体积功 $W' = 0$。式（5.24）又可以写成

$$dG_{T, p} \leqslant 0 \tag{5.25}$$

积分式（5.25）可得

$$\Delta G_{T, p} \leqslant 0 \tag{5.26}$$

式（5.25）和式（5.26）即吉布斯函数判据，该判据表明，在等温等压且非体积功为 0 的条件下②，一切可能自动进行的过程，即使系统吉布斯函数减小的过程都能自发进行，只有在平衡时，吉布斯函数才不发生变化，而不可能发生吉布斯函数增大的过程③。也即在等温等压且非体积功为 0 的条件下，过程只能自发地向着吉布斯函数减小的方向进行，直到 $\Delta G_{T, p} = 0$ 时系统达到平衡④。

因为实际发生的化学反应或者相变往往在等温等压下进行，吉布斯函数判据的应用也非常广泛。和亥姆霍茨函数判据一样，吉布斯函数判据也不需要限定孤立系统的条件，只需要确定系统的吉布斯函数增量 $\Delta G_{T, p}$ 就可以判断过程的可能性和限度。

由式（5.22）可得

$$\Delta G = \Delta H - \Delta (TS) \tag{5.27}$$

代入 $H = U + pV$，得

$$\Delta G = \Delta U + \Delta (pV) - \Delta (TS) \tag{5.28}$$

等温等压时，有

$$\Delta G_{T, p} = \Delta U + p\Delta V - T\Delta S \tag{5.29}$$

其中，$T\Delta S = Q_r$，Q_r 为等温可逆热。

可逆、恒压时把式（5.29）代入热力学第一定律，有

$$\Delta U = Q_r + W_r = T\Delta S - p\Delta V + W' \tag{5.30}$$

把式（5.30）代入式（5.29），整理可得

---

① 和 A 一样，G 也是一个具有广度性质的状态函数。

② 虽然普遍的看法认为，吉布斯函数判据的使用条件应该有非体积功为 0 这一项，实际上，在电化学和表面化学中，判断一个过程是否自发进行，并不需要这个条件。这可能是因为加上非体积功为 0 这个条件进行判断的实际上是一个最大程度的不可逆自发过程，而忽略了其他程度的不可逆自发过程（张德生，刘光祥，郭畅. 物理化学思考题 1 100 例［M］. 合肥：中国科学技术大学出版社，2012.）。对于亥姆霍茨函数判据来说，也是一样的道理，非体积功为 0 的条件实际上限制了判据的使用范围。

③ 天津大学物理化学教研室. 物理化学［M］. 5 版. 北京：高等教育出版社，2009.

④ 就和熵判据以及亥姆霍茨函数判据一样，吉布斯函数判据里等号成立的条件已经从可逆过程转化成了平衡状态。

$$\Delta G_{T,p} = W' \tag{5.31}$$

式（5.31）的含义是，在等温等压条件下，指定状态间的吉布斯函数变 $\Delta G_{T,p}$ 给出了过程中除了体积功之外的最大可用功，也就是最大非体积功，即系统对外所做的可逆非体积功。例如可逆电池在等温等压条件下所做的可逆电功。

表5.1 总结了封闭系统里不同过程下各状态函数的变化[①]。

表5.1 封闭系统里不同过程下各状态函数的变化

等温过程（$dT=0$）	$dU = TdS - pdV$	$dH = TdS + Vdp$	$dA = -pdV$	$dG = Vdp$	$\Delta S = \dfrac{Q_r}{T}$
等容过程（$dV=0$）	$dU = TdS$	$dH = TdS + Vdp$	$dA = -SdT$	$dG = Vdp - SdT$	$dS = \dfrac{C_V dT}{T}$
等压过程（$dp=0$）	$dU = TdS - pdV$	$dH = TdS + Vdp$	$dA = -SdT - pdV$	$dG = -SdT$	$dS = \dfrac{C_p dT}{T}$
绝热过程（$Q=0$）	$dU = -pdV$	$dH = Vdp$	$dA = -SdT - pdV$	$dG = Vdp - SdT$	$dS = \dfrac{dQ_r}{T}$

如果为一定量的理想气体系统，其热力学能仅和温度有关，即 $U = f(T)$，则表5.1可简化为表5.2。

表5.2 理想气体封闭系统里不同过程下各状态函数的变化

等温过程（$dT=0$）	$\Delta U = 0$	$\Delta H = 0$	$\Delta A = -nRT\ln\dfrac{V_f}{V_i}$	$\Delta G = nRT\ln\dfrac{p_f}{p_i}$	$\Delta S = nR\ln\dfrac{V_f}{V_i}$
等容过程（$dV=0$）	$\Delta U = \dfrac{3}{2}nR\Delta T$	$\Delta H = \dfrac{5}{2}nR\Delta T$	$\Delta A = -\int SdT$	$\Delta G = nR\Delta T - \int SdT$	$\Delta S = \dfrac{3}{2}nR\ln\dfrac{T_f}{T_i}$
等压过程（$dp=0$）	$\Delta U = \dfrac{3}{2}nR\Delta T$	$\Delta H = \dfrac{5}{2}nR\Delta T$	$\Delta A = -nR\Delta T - \int SdT$	$\Delta G = -\int SdT$	$\Delta S = \dfrac{5}{2}nR\ln\dfrac{T_f}{T_i}$
绝热过程（$Q=0$）	$\Delta U = \dfrac{3}{2}nR\Delta T$	$\Delta H = \dfrac{5}{2}nR\Delta T$	$\Delta A = \dfrac{3}{2}nR\Delta T - \int SdT$	$\Delta G = \dfrac{5}{2}nR\Delta T - \int SdT$	$\Delta S = \int \dfrac{CdT}{T}$

练习21

> 1. 分析熵判据、总熵判据、亥姆霍茨函数判据和吉布斯函数判据的适用范围。
>
> 2. 水在 373.15 K，$p^{\ominus}$ 下与大热源接触，向真空蒸发成为 373.15 K，$p^{\ominus}$ 下的水汽，若要判断该过程的自发方向，可以使用哪些判据？

① 吴奇. 热力学简明教程［M］. 北京：高等教育出版社，2019.

§5.2　热力学函数基本关系式

5.2.1　热力学基本方程

把热力学第一定律表示为 $dU = dQ + dW$，在封闭系统、可逆且没有非体积功的条件下，$dQ_r = TdS$，$dW_r = -pdV$，这样就得到了

$$dU_r = TdS - pdV \tag{5.32}$$

由于热力学能是状态函数，dU 具有全微分性质，与途径无关，所以 $dU_r = dU_{ir}$，因此，不需要加可逆下标 r，式（5.32）可以写为

$$dU = TdS - pdV \tag{5.33}$$

式（5.33）适用于组成不变的封闭系统的任何过程，我们称之为热力学基本方程。
由 $H = U + pV$，可得

$$dH = dU + d(pV) = dU + pdV + Vdp \tag{5.34}$$

把式（5.33）代入式（5.34），得

$$dH = TdS + Vdp \tag{5.35}$$

由 $A = U - TS$，可得

$$dA = dU - d(TS) = dU - TdS - SdT \tag{5.36}$$

把式（5.33）代入式（5.36），得

$$dA = -SdT - pdV \tag{5.37}$$

由 $G = H - TS$，可得

$$dG = dH - d(TS) = dH - TdS - SdT \tag{5.38}$$

把式（5.35）代入式（5.38），得

$$dG = -SdT + Vdp \tag{5.39}$$

和式（5.33）一样，式（5.35）、式（5.37）和式（5.39）也都叫作热力学基本方程，适用于组成不变的封闭系统的任何过程。

根据四个热力学基本方程，我们可以认为 $U = U(S, V)$，$H = H(S, p)$，$A = A(T, V)$，$G = G(T, p)$。由于 U 是状态函数，dU 是全微分，所以必然有

$$dU = \left(\frac{\partial U}{\partial S}\right)_V dS + \left(\frac{\partial U}{\partial V}\right)_S dV \tag{5.40}$$

比较式（5.33）和式（5.40）可得

$$\left(\frac{\partial U}{\partial S}\right)_V = T \tag{5.41}$$

$$\left(\frac{\partial U}{\partial V}\right)_S = -p \tag{5.42}$$

dH，dA 和 dG 也都是全微分，所以同理可得

$$\left(\frac{\partial H}{\partial S}\right)_p = T \tag{5.43}$$

$$\left(\frac{\partial H}{\partial p}\right)_S = V \tag{5.44}$$

$$\left(\frac{\partial A}{\partial T}\right)_V = -S \tag{5.45}$$

$$\left(\frac{\partial A}{\partial V}\right)_T = -p \tag{5.46}$$

$$\left(\frac{\partial G}{\partial T}\right)_p = -S \tag{5.47}$$

$$\left(\frac{\partial G}{\partial p}\right)_T = V \tag{5.48}$$

和热力学基本方程一样，式（5.41）~式（5.48）在封闭系统、可逆且没有非体积功的条件下适用。

式（5.41）给出了温度的一种解释，即如果体积恒定、组成不变，则无论系统性质如何，系统的热力学能变与对应的熵变之比就是系统的温度。系统的热力学能变属于热力学第一定律的概念，而熵变则属于热力学第二定律的概念，式（5.41）同时联系了热力学第一定律和热力学第二定律。这是因为，式（5.33）本身就是这两个热力学定律的组合，而式（5.41）是从式（5.33）推导得到的。

从式（5.41）~式（5.48）可以看出，如果已知 $U = U(S, V)$，$H = H(S, p)$，$A = A(T, V)$，$G = G(T, p)$ 这四个态函数中的任意一个，通过计算偏导数，就可以求得系统的所有热力学函数。也即上述四个态函数中的任何一个均蕴含了系统的全部热力学特性，因此把这些函数称为热力学特性函数[①]。

例如，当已知 $A = A(T, V)$ 时，就可以得到系统的物态方程（5.46）$p(T, V) = -\left(\frac{\partial A}{\partial V}\right)_T$ 和熵函数（5.45）$S(T, V) = -\left(\frac{\partial A}{\partial T}\right)_V$。

进而可以得到系统的热力学能、焓和吉布斯函数：

$$U(T, V) = A + TS = A - T\left(\frac{\partial A}{\partial T}\right)_V \tag{5.49}$$

$$H(T, V) = U + pV = A - T\left(\frac{\partial A}{\partial T}\right)_V - V\left(\frac{\partial A}{\partial V}\right)_T \tag{5.50}$$

$$G(T, V) = H - TS = U + pV - TS = A + pV = A - V\left(\frac{\partial A}{\partial V}\right)_T \tag{5.51}$$

这样就求出了系统的所有态函数，它们都是以（T，V）为独立变量的函数。

必须注意的是，一个态函数是否可以作为热力学特性函数，与独立变量的选择关

---

① 田成林，江遵汉. 理论物理导论（下）[M]. 北京：国防工业出版社，2014.

系密切。例如，当以 (T, V) 为独立变量时，$A(T, V)$ 是热力学特性函数。而以 (T, p) 为独立变量时，由 $A = A(T, V)$ 出发，将无法得到系统的所有其他热力学函数。但是从 $G = G(T, p)$ 出发，就可以得到系统的所有其他热力学函数。

练习 22

证明：从 $G = G(T, p)$ 出发，可以得到系统的所有其他热力学函数。

5.2.2 麦克斯韦关系式

从数学上可以知道，判断任意一个微分

$$\mathrm{d}f = a(x, y)\mathrm{d}x + b(x, y)\mathrm{d}y \tag{5.52}$$

是不是全微分，只要满足

$$\left(\frac{\partial a}{\partial y}\right)_x = \left(\frac{\partial b}{\partial x}\right)_y \tag{5.53}$$

即可。

以式（5.33）为例，由于 $\mathrm{d}U$ 是全微分，所以式（5.33）必然满足式（5.53）。令 $a = T$，$b = -p$，可得

$$\left(\frac{\partial T}{\partial V}\right)_S = -\left(\frac{\partial p}{\partial S}\right)_V \tag{5.54}$$

式（5.53）同样用于式（5.35）、式（5.37）和式（5.39），可得

$$\left(\frac{\partial V}{\partial S}\right)_p = \left(\frac{\partial T}{\partial p}\right)_S \tag{5.55}$$

$$\left(\frac{\partial p}{\partial T}\right)_V = \left(\frac{\partial S}{\partial V}\right)_T \tag{5.56}$$

$$\left(\frac{\partial V}{\partial T}\right)_p = -\left(\frac{\partial S}{\partial p}\right)_T \tag{5.57}$$

式（5.54）~式（5.57）被称为麦克斯韦[①]关系式。

---

① 麦克斯韦（James Clerk Maxwell，1831.6.13—1879.11.5），英国物理学家、数学家，出生于苏格兰爱丁堡，父亲是名律师，家境优渥。麦克斯韦 10 岁进入爱丁堡中学，14 岁就在爱丁堡皇家学会会刊上发表了一篇关于二次曲线作图问题的论文。1847 年，麦克斯韦进入爱丁堡大学，学习数学和物理，1850 年转入剑桥大学三一学院数学系，1854 年以第二名的成绩获史密斯奖学金，毕业后留校任职两年。1856 年，麦克斯韦在苏格兰阿伯丁的马里沙耳学院（Marischal College）担任自然哲学教授；1860 年，他又到伦敦国王学院就任自然哲学和天文学教授。1861 年，麦克斯韦当选为皇家学会会员。1865 年春，他辞去教职回到家乡，开始系统地总结他的关于电磁学的研究成果，并于 1873 年出版了电磁场理论的经典巨著《电磁学通论》。这期间的 1871 年，麦克斯韦受聘担任剑桥大学新设立的卡文迪许物理学教授，并负责筹建卡文迪许实验室。他是卡文迪许实验室的第一任主任并一直任职到逝世。（杨智，范正平. 自动控制原理［M］. 北京：清华大学出版社，2014.）

常用的麦克斯韦关系式是式（5.56）和式（5.57）。这两个等式等号左边的变化率可以由实验测定，这样就可以间接得到等号右边的变化率了[1]。麦克斯韦关系式的重要性在于可将不同条件下无法直接测量的熵变转变成可直接测量的 p，V，T 变化，即式（5.54）~式（5.57）左边的偏微分项[2]。

练习 23

证明：$\left(\dfrac{\partial H}{\partial V}\right)_T = T\left(\dfrac{\partial p}{\partial T}\right)_V + V\left(\dfrac{\partial p}{\partial V}\right)_T$

5.2.3　热力学状态方程

把式（5.40）除以 $\mathrm{d}V$，在温度恒定的条件下求偏导，可得

$$\left(\frac{\partial U}{\partial V}\right)_T = \left(\frac{\partial U}{\partial S}\right)_V\left(\frac{\partial S}{\partial V}\right)_T + \left(\frac{\partial U}{\partial V}\right)_S \tag{5.58}$$

把式（5.41）和式（5.42）代入式（5.58），可得

$$\left(\frac{\partial U}{\partial V}\right)_T = T\left(\frac{\partial S}{\partial V}\right)_T - p \tag{5.59}$$

把式（5.56）代入式（5.59），可得

$$\left(\frac{\partial U}{\partial V}\right)_T = T\left(\frac{\partial p}{\partial T}\right)_V - p \tag{5.60}$$

同理，由 $H = H(S, p)$ 还可以得到

$$\left(\frac{\partial H}{\partial p}\right)_T = -T\left(\frac{\partial V}{\partial T}\right)_p + V \tag{5.61}$$

式（5.60）和式（5.61）都同时关联了 p，V，T，因此被称为热力学状态方程[3]。

5.2.4　吉布斯－亥姆霍茨方程

把式（5.47）$\left(\dfrac{\partial G}{\partial T}\right)_p = -S$ 代入式（5.22）$G = H - TS$ 可得

$$H = G + TS = G - T\left(\frac{\partial G}{\partial T}\right)_p \tag{5.62}$$

---

[1] 傅玉普，王新平. 物理化学简明教程［M］. 2 版. 大连：大连理工大学出版社，2007.

[2] 吴奇. 热力学简明教程［M］. 北京：高等教育出版社，2019.

[3] 阿特金斯 P W. 物理化学［M］. 天津大学物理化学教研室，译. 北京：高等教育出版社，1990.

或

$$H = \left[\frac{\partial (G/T)}{\partial (1/T)} \right]_p \tag{5.63}$$

和

$$H = -T^2 \left[\frac{\partial (G/T)}{\partial T} \right]_p \tag{5.64}$$

式（5.62）~式（5.64）都是吉布斯 – 亥姆霍茨方程[①]。

同理可得

$$U = -T^2 \left[\frac{\partial (A/T)}{\partial T} \right]_V \tag{5.65}$$

式（5.65）也是吉布斯 – 亥姆霍茨方程的一种形式[②]。

把式（5.62）在压力一定时对 T 微分可得

$$\left(\frac{\partial H}{\partial T} \right)_p = -T \left(\frac{\partial^2 G}{\partial T^2} \right)_p = T \left(\frac{\partial S}{\partial T} \right)_p \tag{5.66}$$

整理式（5.66）可得

$$\left(\frac{\partial S}{\partial T} \right)_p = \frac{C_p}{T} \tag{5.67}$$

式（5.67）即量热法求熵随温度变化的理论依据[③]。

根据具体情况，吉布斯 – 亥姆霍茨方程还可以有如下表示形式：

$$\left[\frac{\partial (\Delta G)}{\partial T} \right]_p = \frac{\Delta G - \Delta H}{T} \tag{5.68}$$

$$\left[\frac{\partial (\Delta A)}{\partial T} \right]_V = \frac{\Delta A - \Delta U}{T} \tag{5.69}$$

$$\left[\frac{\partial (\Delta G/T)}{\partial T} \right]_p = -\frac{\Delta H}{T^2} \tag{5.70}$$

$$\left[\frac{\partial (\Delta A/T)}{\partial T} \right]_V = -\frac{\Delta U}{T^2} \tag{5.71}$$

吉布斯 – 亥姆霍茨方程表明了吉布斯函数和亥姆霍茨函数与温度之间的关系。

① 鲍景旦. 应用物理化学 第 2 分册 应用化学热力学 [M]. 北京：高等教育出版社，1994.
② 傅玉普. 物理化学简明教程 电子讲稿配套 [M]. 大连：大连理工大学出版社，2003.
③ 鲍景旦. 应用物理化学 第 2 分册 应用化学热力学 [M]. 北京：高等教育出版社，1994.

5.2.5　吉布斯函数与压力的关系

由式（5.48）$\left(\dfrac{\partial G}{\partial p}\right)_T = V$ 可知，由于体积 V 一定为正值，因此当温度及组成恒定时，吉布斯函数随系统压力增大而增大。积分式（5.48）可得[①]

$$\Delta G = G(p_f,\ T_f) - G(p_i,\ T_i) = \int_{p_i}^{p_f} V \mathrm{d}p \tag{5.72}$$

当温度为 T，压力为 $p^\ominus$ 时，式（5.72）可以写为

$$G(p,\ T) = G^\ominus(p^\ominus,\ T) + \int_{p^\ominus}^{p} V \mathrm{d}p \tag{5.73}$$

对于固体或者液体，改变压力对体积影响不大，式（5.72）中的 V 可以提出积分号外，得到

$$\Delta G = V \Delta p \tag{5.74}$$

即对于固体或者液体，除非压力很大，不能忽略其对体积的影响，否则都可以认为固体或液体的吉布斯函数与压力无关。

对于理想气体，将 $pV = nRT$ 代入式（5.73），则有

$$G(p,\ T) = G^\ominus(p^\ominus, T) + nRT\ln\frac{p}{p^\ominus} \tag{5.75}$$

若物质的量为 1 mol，式（5.75）可以写为

$$G_m(p,\ T) = G_m^\ominus(p^\ominus,\ T) + RT\ln\frac{p}{p^\ominus} \tag{5.76}$$

令 $\mu = G_m\ (p,\ T)$，式（5.76）可以写为

$$\mu(p,\ T) = \mu^\ominus(T) + RT\ln\frac{p}{p^\ominus} \tag{5.77}$$

μ 通常被称为化学势，$\mu^\ominus$ 就是标准化学势。

化学势的单位是 J/mol，其绝对值不能确定。比较两个状态化学势的高低是判断自发变化方向和限度的前提[②]。正如静止的物体具有降低自身势能的天然倾向一样，温度压力不变时自发变化的方向为化学势减少的方向，因此化学势具有势能的含义，这也是其名称的由来[③]。

---

①　金继红. 物理化学 ［M］. 北京：地质出版社，1993.

②　徐悦华，王静. 物理化学 ［M］. 北京：中国农业大学出版社，2017.

③　阿特金斯 P W. 物理化学 ［M］. 天津大学物理化学教研室，译. 北京：高等教育出版社，1990.

练习 24

已知反应 C（石墨）$\rightarrow$C（金刚石），$\Delta_r G_m^{\ominus} = 2\,866\ \text{J/mol}$，石墨和金刚石的密度分别为 $2.260\ \text{g/cm}^3$ 和 $3.513\ \text{g/cm}^3$。求在多大压力下，石墨才有可能转变为金刚石？

§5.3　热力学函数变的计算

5.3.1　利用麦克斯韦关系式计算热力学能变和焓变[①]

（1）热力学能变的计算。当选 T，V 为独立变量时，有

$$\text{d}U = \left(\frac{\partial U}{\partial T}\right)_V \text{d}T + \left(\frac{\partial U}{\partial V}\right)_T \text{d}V \tag{5.78}$$

$$\text{d}S = \left(\frac{\partial S}{\partial T}\right)_V \text{d}T + \left(\frac{\partial S}{\partial V}\right)_T \text{d}V \tag{5.79}$$

把式（5.79）代入式（5.33）$\text{d}U = T\text{d}S - p\text{d}V$，可得

$$\text{d}U = T\left(\frac{\partial S}{\partial T}\right)_V \text{d}T + \left[T\left(\frac{\partial S}{\partial V}\right)_T - p\right]\text{d}V \tag{5.80}$$

把式（5.56）代入式（5.80），就再次得到了热力学状态方程式（5.60）$\left(\frac{\partial U}{\partial V}\right)_T = T\left(\frac{\partial p}{\partial T}\right)_V - p$，根据式（3.23）$C_V = \left(\frac{\partial U}{\partial T}\right)_V$，又可得

$$C_V = \left(\frac{\partial U}{\partial T}\right)_V = T\left(\frac{\partial S}{\partial T}\right)_V \tag{5.81}$$

可以认为式（5.81）给出了定容热容的另一种定义。

把式（5.81）和式（5.56）代入式（5.80），可得

$$\text{d}U = C_V\text{d}T + \left[T\left(\frac{\partial p}{\partial T}\right)_V - p\right]\text{d}V \tag{5.82}$$

式（5.82）就是以 T，V 为独立变量时计算热力学能变的公式，积分即可以得到 ΔU，式中等号右端各物理量皆可通过实验测量得到。

（2）焓变的计算。当选 T，p 为独立变量时，有

---

① 田成林，江遵汉．理论物理导论（下）[M]．北京：国防工业出版社，2014．

$$\mathrm{d}H = \left(\frac{\partial H}{\partial T}\right)_p \mathrm{d}T + \left(\frac{\partial H}{\partial p}\right)_T \mathrm{d}p \qquad (5.83)$$

$$\mathrm{d}S = \left(\frac{\partial S}{\partial T}\right)_p \mathrm{d}T + \left(\frac{\partial S}{\partial p}\right)_T \mathrm{d}p \qquad (5.84)$$

把式（5.84）代入式（5.35）$\mathrm{d}H = T\mathrm{d}S + V\mathrm{d}p$，可得

$$\mathrm{d}H = T\left(\frac{\partial S}{\partial T}\right)_p \mathrm{d}T + \left[T\left(\frac{\partial S}{\partial p}\right)_T + V\right]\mathrm{d}p \qquad (5.85)$$

把式（5.57）代入式（5.85），就再次得到了热力学状态方程式（5.61）$\left(\frac{\partial H}{\partial p}\right)_T = -T\left(\frac{\partial V}{\partial T}\right)_p + V$。

根据式（3.30）$C_p = \left(\frac{\partial H}{\partial T}\right)_p$，又可得

$$C_p = \left(\frac{\partial H}{\partial T}\right)_p = T\left(\frac{\partial S}{\partial T}\right)_p \qquad (5.86)$$

同样可以认为式（5.86）给出了定压热容的另一种定义。

把式（5.86）和式（5.57）代入式（5.85），可得

$$\mathrm{d}H = C_p\mathrm{d}T + \left[-T\left(\frac{\partial V}{\partial T}\right)_p + V\right]\mathrm{d}p \qquad (5.87)$$

式（5.87）就是以 T, p 为独立变量时计算焓变的公式，积分即可得到 ΔH，式中等号右端各物理量皆可通过实验测量得到。

5.3.2 熵变的计算

各种过程熵变的计算是热力学第二定律要解决的核心问题之一。在计算熵变的过程中，应当牢记熵作为状态函数所应具备的状态函数的各种性质。无论在任何过程里，计算熵变的出发点都应当是式（4.37）$\mathrm{d}S = \mathrm{d}Q_r/T$。只要得到 $\mathrm{d}S$ 的表达式，直接积分即可得到熵变值 ΔS。

（1）$T\mathrm{d}S$ 方程。把式（5.82）代入式（5.33），$\mathrm{d}U = T\mathrm{d}S - p\mathrm{d}V$，可得

$$T\mathrm{d}S = \mathrm{d}U + p\mathrm{d}V = C_V\mathrm{d}T + T\left(\frac{\partial p}{\partial T}\right)_V \mathrm{d}V \qquad (5.88)$$

或

$$\mathrm{d}S = \frac{C_V}{T}\mathrm{d}T + \left(\frac{\partial p}{\partial T}\right)_V \mathrm{d}V \qquad (5.89)$$

式（5.88）和式（5.89）被称为第一 $T\mathrm{d}S$ 方程，是以 T, V 为独立变量时计算熵变的公式。

把式（5.87）代入式（5.35）$\mathrm{d}H = T\mathrm{d}S + V\mathrm{d}p$，可得

$$T\mathrm{d}S = \mathrm{d}H - V\mathrm{d}p = C_p\mathrm{d}T - T\left(\frac{\partial V}{\partial T}\right)_p \mathrm{d}p \qquad (5.90)$$

或

$$dS = \frac{C_p}{T}dT - \left(\frac{\partial V}{\partial T}\right)_p dp \tag{5.91}$$

式（5.90）和式（5.91）被称为第二 TdS 方程，是以 T，p 为独立变量时计算熵变的公式。

（2）理想气体 pVT 过程的熵变。理想气体的 pVT 过程分为可逆过程和不可逆过程两类。可逆过程可以直接利用 $dS = dQ_r/T$ 进行积分计算，不可逆过程则可以通过寻找等价的可逆过程来进行计算。这是因为熵是状态函数，所以对于一定量的系统而言，只要过程的始态和终态相同，过程的熵变就相同，而和过程是否可逆无关。

这样一来，我们可以很容易地得到如下公式：

对于理想气体的等温可逆过程，有[①]

$$\Delta_T S = \int_i^f \frac{dQ_r}{T} = \frac{Q_r}{T} = \frac{-W_r}{T} = \frac{nRT\ln\frac{V_f}{V_i}}{T} = nR\ln\frac{V_f}{V_i} = nR\ln\frac{p_i}{p_f} \tag{5.92}$$

对于理想气体的等压可逆过程，有

$$\Delta_p S = \int_i^f \frac{dQ_{r,p}}{T} = \int_i^f \frac{dH}{T} = \int_{T_i}^{T_f} \frac{C_p dT}{T} \tag{5.93}$$

当 C_p 不随温度变化为一定值时，式（5.93）的积分结果为

$$\Delta_p S = C_p\ln\frac{T_f}{T_i} = nC_{p,m}\ln\frac{T_f}{T_i} \tag{5.94}$$

对于理想气体的等容可逆过程，有

$$\Delta_V S = \int_i^f \frac{dQ_{r,V}}{T} = \int_i^f \frac{dU}{T} = \int_{T_i}^{T_f} \frac{C_V dT}{T} \tag{5.95}$$

当 C_V 不随温度变化为一定值时，式（5.95）的积分结果为

$$\Delta_V S = C_V\ln\frac{T_f}{T_i} = nC_{V,m}\ln\frac{T_f}{T_i} \tag{5.96}$$

这样一来，对于一定量理想气体任意的 pVT 过程，都可以分解为等温可逆过程、等压可逆过程和等容可逆过程的组合，从而可以计算得到过程熵变值。

例如，对于一定量的理想气体，其始态为 p_i，V_i，T_i，其终态为 p_f，V_f，T_f。确定一个合适的中间状态，就可以利用式（5.92）～式（5.96）得到整个 pVT 变化过程的熵变。一般而言，中间状态有三种[②]：

---

① $\Delta_T S$ 表示等温条件下的熵变，同样，$\Delta_p S$ 表示等压条件下的熵变，$\Delta_V S$ 表示等容条件下的熵变。

② 实际上有六种,但是先进行等温可逆变化再进行等压可逆变化,在总效果上等同于先进行等压可逆变化再进行等温可逆变化,并不影响过程的熵变值。同理,先进行等温可逆变化再进行等容可逆变化,和先进行等容可逆变化再进行等温可逆变化也没有区别。等压可逆变化和等容可逆变化的次序同理。所以一般只说有三种变化过程就足够了。

①先进行等温可逆变化,再进行等压可逆变化,中间状态为 p_f, V, T_i,当 $C_{p,m}$ 不随温度变化时,过程熵变 ΔS 为

$$\Delta S = \Delta_T S + \Delta_p S = nR\ln\frac{V_f}{V_i} + nC_{p,\,m}\ln\frac{T_f}{T_i} \tag{5.97}$$

②先进行等温可逆变化,再进行等容可逆变化,中间状态为 p,V_f,T_i,当 $C_{V,m}$ 不随温度变化时,过程熵变 ΔS 为

$$\Delta S = \Delta_T S + \Delta_V S = nR\ln\frac{V_f}{V_i} + nC_{V,\,m}\ln\frac{T_f}{T_i} \tag{5.98}$$

③先进行等压可逆变化,再进行等容可逆变化,中间状态为 p_i,V_f,T,当 $C_{p,m}$ 和 $C_{V,m}$ 都不随温度变化时,过程熵变 ΔS 为

$$\Delta S = \Delta_p S + \Delta_V S = nC_{p,\,m}\ln\frac{T_f}{T_i} + nC_{V,\,m}\ln\frac{T_f}{T_i} \tag{5.99}$$

实际上,正如前文所说,只要有合适的 dS 的表达式,计算过程的熵变可以直接积分。例如,根据式 (5.33) $dU = TdS - pdV$,当 C_V 不随温度变化时,可得

$$dS = \frac{dU + pdV}{T} \tag{5.100}$$

$$\begin{aligned}
\Delta S &= \int_i^f \frac{dU}{T} + \int_i^f \frac{pdV}{T} \\
&= \int_{T_i}^{T_f} \frac{C_V dT}{T} + \int_{V_i}^{V_f} \frac{nRdV}{V} \\
&= C_V\ln\frac{T_f}{T_i} + nR\ln\frac{V_f}{V_i}
\end{aligned} \tag{5.101}$$

其结果和式 (5.98) 一样。

练习 25

1. 尝试从 $dH = TdS + Vdp$ 出发,推导出计算一定量理想气体 pVT 变化过程熵变的公式。

2. 有 5 mol 某理想气体,从始态 (400 K,200 kPa) 分别经下列不同过程到达指定终态。试计算各过程的熵变。已知该气体 $C_{p,m} = 29.10$ J/(K·mol)。

(1) 定容升温到 600 K; (2) 定压降温到 300 K; (3) 绝热可逆膨胀到 100 kPa。

(3) 理想气体混合过程的熵变。假定物质的量为 n_A 的理想气体 A 和物质的量为 n_B 的理想气体 B 分别置于被隔板隔开的容器内,处在相同的温度 T 和压力 p 下,抽去

隔板之后，气体混合，系统总体积为 V，如图 5.1 所示。

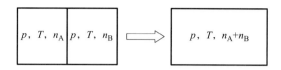

图 5.1　气体混合过程示意图

整个过程的熵变可以看成是混合过程中两种理想气体各自的熵变之和，即 $\Delta S = \Delta S_A + \Delta S_B$。对于 A，B 两种理想气体来说，混合过程都相当于等温可逆膨胀过程，根据式（5.92）以及 $x_A = \dfrac{n_A}{n_A + n_B} = \dfrac{V_A}{V}$，$x_B = \dfrac{n_B}{n_A + n_B} = \dfrac{V_B}{V}$ 可知：

$$\Delta S_A = n_A R \ln \frac{V}{V_A} = -n_A R \ln x_A = -n R x_A \ln x_A \tag{5.102}$$

$$\Delta S_B = n_B R \ln \frac{V}{V_B} = -n_B R \ln x_B = -n R x_B \ln x_B \tag{5.103}$$

其中，$n = n_A + n_B$。所以过程总熵变为

$$\Delta S = \Delta S_A + \Delta S_B = -n R (x_A \ln x_A + x_B \ln x_B) \tag{5.104}$$

同理可知，等温等压下的多种理想气体混合时，混合过程总熵变可以写为

$$\Delta S = -n R \sum_J x_J \ln x_J \tag{5.105}$$

ΔS 叫作混合熵。由于参与混合的理想气体的摩尔分数 $x_J < 1$，所以混合熵 $\Delta S > 0$。

如果混合之前 A，B 两种理想气体的温度不同，则计算熵变时需要先算出混合后的终态温度，然后分别计算 A，B 两种理想气体的熵变，进而得到过程的总熵变。终态温度通过两种理想气体之间吸热值等于放热值的热平衡关系式得出[①]。

练习 26

　　绝热箱中有 1 mol O_2 和 2 mol N_2，被一绝热隔板隔开，O_2 温度为 290 K，N_2 温度为 310 K。求抽出隔板并达到平衡时系统的熵变。已知两种气体的 $C_{p,m} = 29 \text{ J/(K} \cdot \text{mol)}$。

　　（4）理想气体绝热过程的熵变。由于熵是状态函数，如果可逆过程和不可逆过程的始态和终态都相同，则两种过程的熵变必然相同。所以不可逆过程的熵变可以借助同一始态和终态的可逆过程的熵变来计算。如果可逆过程和不可逆过程的始态相同，

---

①　苏克和，胡小玲. 物理化学［M］. 西安：西北工业大学出版社，2004.

过程中的 dQ/T 也相同，则不可逆过程的熵变一定大于可逆过程的熵变[①]。

对于绝热可逆过程，$Q_r = 0$，所以 $\Delta S = Q_r/T = 0$。而对于绝热不可逆过程，必有 $\Delta S > 0$。从相同的始态出发，绝热不可逆过程的熵变一定大于绝热可逆过程的熵变。这样我们就得到一个结论，从相同的始态出发，绝热不可逆过程和绝热可逆过程的终态必然不同，否则其熵变就应该一样。因此，计算绝热不可逆过程的熵变，就不能通过寻找等价的绝热可逆过程来实现，而需要通过其他可逆途径。

例 5.2 在恒外压 1.000×10^5 Pa 时，10.00 dm^3，273.15 K，1.000 MPa 理想气体发生绝热膨胀，到达终态压力 1.000×10^5 Pa。求过程熵变 ΔS。已知该气体的 $C_{V,m} = 12.47$ J/（K·mol）。

解： 这是一个绝热不可逆过程，其等价可逆途径可以分为等温可逆膨胀和等压可逆降温两步，直接利用式（5.97）可得

$$\Delta S = \Delta_T S + \Delta_p S = nR\ln\frac{V_f}{V_i} + nC_{p,m}\ln\frac{T_f}{T_i} = nR\ln\frac{p_i}{p_f} + nC_{p,m}\ln\frac{T_f}{T_i}$$

$$n = \frac{pV}{RT} = \frac{1.000 \times 10^6 \times 10.00 \times {}^{-3}}{8.314 \times 273.15}\ \text{mol} = 4.403\ \text{mol}$$

$p_i = 1.000 \times 10^6$ Pa，$p_f = 1.000 \times 10^5$ Pa，$T_i = 273.15$ K

$C_{p,m} = C_{V,m} + R = (12.47 + 8.314)$ J/（K·mol） $= 20.78$ J/（K·mol）

绝热过程 $\Delta U = W$，所以 $nC_{V,m}\Delta T = -p_f\Delta V$[②]

$$nC_{V,m}(T_f - T_i) = -p_f\left(\frac{nRT_f}{p_f} - \frac{nRT_i}{p_i}\right)$$

$$4.403 \times 12.47 \times (T_f - 273.15)$$

$$= -1.000 \times 10^5 \times \left(\frac{4.403 \times 8.314 \times T_f}{1.000 \times 10^5} - \frac{4.403 \times 8.314 \times 273.15}{1.000 \times 10^6}\right)$$

解得 $T_f = 174.8$ K

$$\Delta S = nR\ln\frac{p_i}{p_f} + nC_{p,m}\ln\frac{T_f}{T_i}$$

$$= \left(4.403 \times 8.314 \times \ln\frac{1.000 \times 10^6}{1.000 \times 10^5} + 4.403 \times 20.78 \times \ln\frac{174.8}{273.15}\right)\ \text{J/K}$$

$$= (84.29 - 40.84)\ \text{J/K} = 43.45\ \text{J/K}$$

答： 该过程熵变为 43.45 J/K。

（5）相变过程的熵变。相变过程同样分为可逆相变过程和不可逆相变过程两种。纯物质两相平衡时，相平衡温度是相平衡压力的函数。当压力确定时，相平衡温度才能确

---

① 郑令仪，孙祖国，赵静霞. 工程热力学 [M]. 北京：兵器工业出版社，1983.

② 张师愚，夏厚林. 物理化学 [M]. 北京：中国医药科技出版社，2014.

定,反之亦然。在两相平衡压力和温度下的相变,即是可逆相变[1]。最常见的可逆相变是在正常熔、沸点发生的相变,称为正常相变[2]。不在相平衡温度或相平衡压力下的相变即为不可逆相变。在常压、低于熔点(凝固点)时过冷液体的凝固,在一定温度、低于液体饱和蒸气压下液体的蒸发,在一定温度、高于液体饱和蒸气压下过饱和蒸气的凝结过程,在一定压力、高于沸点时过热液体的蒸发,均属于不可逆相变过程。因此,对于常见物质的两相平衡的温度要作为常识加以记忆,例如水的正常沸点为 101.325 kPa, 100 ℃,正常凝固点为 101.325 kPa, 0 ℃[3]。

正常相变是在等温等压下进行的,此时的可逆热就等于相变焓,因此相变熵为

$$\Delta_\alpha^\beta S = \frac{\Delta_\alpha^\beta H}{T} \tag{5.106}$$

式中, ΔS 为相变熵, ΔH 为相变焓, T 为相变温度, α 和 β 表示相变方向从 α 相指向 β 相。

发生不可逆相变时,必须通过设计等价的可逆途径来计算过程的熵变,这些途径中必须包括正常相变途径。这样,通过计算该等价的可逆途径的热温商,就可以得到不可逆相变过程的熵变[4]。

例 5.3　1 mol H_2O (l) 在 100 kPa 下,因与 373.2 K 的大热源接触而蒸发为水蒸气,吸热 40 620 J,求该相变过程中的熵变。

解:当系统和环境之间发生热交换时,可以认为环境是以可逆方式进行热交换的。因为环境比系统大得多,可以认为环境温度始终保持不变,所以这是一个可逆相变过程,熵变为

$$\Delta S = \frac{Q_p}{T} = \frac{\Delta H}{T} = \frac{40\ 620\ \text{J}}{373.2\ \text{K}} = 108.8\ \text{J/K}$$

答:该相变过程中的熵变为 108.8 J/K。

例 5.4　将 1 mol 苯蒸气从 79.9 ℃, 40 kPa 冷凝为 50 ℃, 100 kPa 的液态苯,求过程的熵变。已知苯在 100 kPa 下的沸点为 79.9 ℃,此时气化焓为 30.878 kJ/mol,液态苯的热容为 140.3 J/(K·mol),苯蒸气可视为理想气体。

解:这是一个既不恒温也不恒压的不可逆相变过程,需要设计一条包含可逆相变

①　天津大学物理化学教研室编. 物理化学(上)[M]. 王正烈,周亚平,修订. 北京:高等教育出版社,2001.

②　李元高. 物理化学 [M]. 上海:复旦大学出版社,2013.

③　夏海涛. 物理化学 [M]. 哈尔滨:哈尔滨工业大学出版社,2005.

④　林树坤,卢荣. 物理化学 [M]. 武汉:华中科技大学出版社,2016.

过程在内的等价可逆过程，如下图所示[①]：

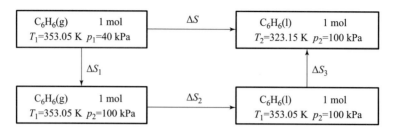

$$\Delta S = \Delta S_1 + \Delta S_2 + \Delta S_3 = nR\ln\frac{p_1}{p_2} + \left(\frac{-n\Delta_{vap}H_m}{T}\right) + nC_{p,m}(1)\ \ln\frac{T_2}{T_1}$$

$$= \left(1\times 8.314\times\ln\frac{40}{100} - \frac{1\times 30\,878}{353.05} + 1\times 140.3\times\ln\frac{323.15}{353.05}\right)\text{J/K}$$

$$= (-7.618 - 87.461 - 12.42)\text{J/K}$$

$$= -107.50\text{ J/K}$$

答：该不可逆相变过程的熵变为 - 107.50 J/K。

5.3.3　吉布斯函数变的计算

吉布斯函数是在化学中应用最广泛的热力学函数。由于吉布斯函数是一个状态函数，所以和求 ΔS 一样，无论过程是否可逆，都可以通过设计始、终态相同的可逆过程来计算 ΔG[②]。

（1）等温过程的吉布斯函数变。对于不做非体积功的系统，根据式（5.39）$\mathrm{d}G = -S\mathrm{d}T + V\mathrm{d}p$，等温时有

$$\mathrm{d}G = V\mathrm{d}p \tag{5.107}$$

积分式（5.107）得

$$\Delta G = \int_{p_i}^{p_f} V\mathrm{d}p \tag{5.108}$$

对于理想气体，有

$$\Delta G = \int_{p_i}^{p_f} V\mathrm{d}p = \int_{p_i}^{p_f} \frac{nRT}{p}\mathrm{d}p = nRT\ln\frac{p_f}{p_i} \tag{5.109}$$

---

①　这种图叫玻恩－哈伯（Born－Haber）循环图。利用分过程的能量变化来分析总过程能量变化的方法，叫作玻恩－哈伯循环法（张学铭，耿守忠，刘冰，等．化学小辞典［M］．北京：科学技术文献出版社，1984．）。该法由马克斯·玻恩（Max Born，1882.12.11—1970.1.5，德国犹太裔物理学家，量子力学的创始人之一）和弗里茨·哈伯（Fritz Haber，1868.12.9—1934.1.29，德国化学家）发明。根据盖斯定律，一个化学反应不管是一步完成，还是分几步完成，它的热效应总是相同的。玻恩和哈伯据此设计了一个热化学循环，利用该循环，可以求标准电极电势、反应热、晶格能、升华能、电离能、电子亲和能、键离解能、水合能等。盖斯定律在两个限制条件下才能成立，其一是系统只做体积功，其二是过程进行时系统压力或体积不变。因此应用玻恩－哈伯循环时也要严格遵守这两个限制条件（罗勤慧．大学化学解题法诠释［M］．合肥：安徽教育出版社，2000．）。

②　张师愚，夏厚林．物理化学［M］．北京：中国医药科技出版社，2014．

对于凝聚相（液相或固相）系统，由于一般情况下系统体积受压力影响可以忽略不计，所以式（5.108）积分结果为

$$\Delta G = \int_{p_i}^{p_f} V dp \approx V(p_f - p_i) \tag{5.110}$$

（2）变温过程的吉布斯函数变。对于变温过程，根据式（5.22）$G = H - TS$，可得[①]

$$\Delta G = \Delta H - \Delta(TS) = \Delta H - (T_f S_f - T_i S_i) \tag{5.111}$$

$$\Delta G = \Delta A + \Delta(pV) = \Delta A + (p_f V_f - p_i V_i) \tag{5.112}$$

（3）相变过程的吉布斯函数变。和求相变过程的熵变一样，求相变过程的吉布斯函数变同样分为可逆相变过程和不可逆相变过程两种。

等温等压可逆相变时，有 $\Delta H = T\Delta S$，因此过程的吉布斯函数变为

$$\Delta G = \Delta H - T\Delta S = 0 \tag{5.113}$$

发生不可逆相变时，同样需要设计一条包含可逆相变的等价的可逆途径来计算过程的吉布斯函数变。

例 5.5　计算在 373.15 K，26 664 Pa 条件下，1 mol 水转变为同温同压下的水蒸气的 ΔG，并判断过程的自发性。

解：该过程是一个不可逆相变过程，设计等价可逆过程如下：

$$\text{H}_2\text{O}(\text{l},\ p_1 = 26\ 664\ \text{Pa}) \xrightarrow{\Delta G} \text{H}_2\text{O}(\text{g},\ p_1 = 26\ 664\ \text{Pa})$$

$$(1)\bigg\downarrow \Delta G_1 \qquad\qquad\qquad (3)\bigg\uparrow \Delta G_3$$

$$\text{H}_2\text{O}(\text{l},\ p_2 = 100\ \text{Pa}) \xrightarrow[(2)]{\Delta G_2} \text{H}_2\text{O}(\text{g},\ p_2 = 100\ \text{kPa})$$

$$\Delta G_1 = \int_{p_1}^{p_2} V_l dp = nV_m(p_2 - p_1) = [1 \times 1.8 \times 10^{-5} \times (100 \times 10^3 - 26\ 664)]\ \text{J}$$

$$= 1.320\ 0\ \text{J}$$

$$\Delta G_2 = 0$$

$$\Delta G_3 = \int_{p_2}^{p_1} V_g dp = nRT\ln\frac{p_1}{p_2} = \left(1 \times 8.314 \times 373.15 \times \ln\frac{26\ 664}{100 \times 10^3}\right)\ \text{J} = -4\ 100.9\ \text{J}$$

$$\Delta G = \Delta G_1 + \Delta G_2 + \Delta G_3 = (1.320\ 0 + 0 - 4\ 100.9)\ \text{J} = -4\ 099.5\ \text{J}$$

$\Delta G < 0$，该过程可以自发进行。

答：该过程的吉布斯函数变为 $-4\ 099.5$ J，可以自发进行。

（4）等温时化学反应的标准摩尔吉布斯函数变 $\Delta_r G_m^\ominus$。根据式（5.22）$G = H - TS$，可得

$$\Delta_r G_m^\ominus = \Delta_r H_m^\ominus - T\Delta_r S_m^\ominus \tag{5.114}$$

[①]　安燕. 物理化学［M］. 贵阳：贵州大学出版社，2011.

当 $\Delta_r G_m^\ominus = 0$ 时，反应处于可发生和不可发生的临界点。此时 $T = \Delta_r H_m^\ominus / \Delta_r S_m^\ominus$，称为转折温度，意即在此温度下，反应方向可以发生改变[①]。

5.3.4 亥姆霍茨函数变的计算

（1）等温过程的亥姆霍茨函数变。对于不做非体积功的系统，根据式（5.37）$dA = -SdT - pdV$，等温时有

$$dA = -pdV \tag{5.115}$$

积分式（5.115）得

$$\Delta A = -\int_{V_i}^{V_f} pdV \tag{5.116}$$

对于理想气体，有

$$\Delta A = -\int_{V_i}^{V_f} pdV = -\int_{V_i}^{V_f} \frac{nRT}{V}dp = -nRT\ln\frac{V_f}{V_i} \tag{5.117}$$

（2）变温过程的亥姆霍茨函数变。对于变温过程，根据式（5.6）$A = U - TS$，可得

$$\Delta A = \Delta U - \Delta(TS) = \Delta U - (T_f S_f - T_i S_i) \tag{5.118}$$

$$\Delta A = \Delta G - \Delta(pV) = \Delta G - (p_f V_f - p_i V_i) \tag{5.119}$$

---

① 林树坤，卢荣. 物理化学 ［M］. 武汉：华中科技大学出版社，2016.

第5章 习 题

一、分析判断题

1. 绝热过程都是定熵过程。该说法是否正确?

2. 系统经历一个可逆循环过程,其熵变 $\Delta S > 0$。该说法是否正确?

3. 由同一始态出发,系统经历一个绝热不可逆过程所能到达的终态与经历一个绝热可逆过程所能达到的终态是不相同的。该说法是否正确?

4. 非理想气体绝热可逆压缩过程,其熵变 $\Delta S > 0$。该说法是否正确?

5. 在 373.15 K,100 kPa 下水蒸发为水蒸气的过程是一个可逆相变过程,因为可逆过程的熵变为 0,所以此过程的熵变 $\Delta S = 0$。该说法是否正确?

6. 等温等压下只有系统对外做非体积功时,吉布斯函数才会降低。该说法是否正确?

7. 吉布斯函数就是系统中能做非体积功的那部分能量。该说法是否正确?

8. 等温等压下,$\Delta G > 0$ 的化学反应都不能进行。该说法是否正确?

二、计算题

1. 已知水的正常沸点是 100 ℃,摩尔定压热容 $C_{p,m}(l) = 75.20$ J/(K·mol),$C_{p,m}(g) = 33.57$ J/(K·mol),摩尔蒸发焓 $\Delta_{vap}H_m = 40.67$ kJ/mol,$C_{p,m}$ 和 $\Delta_{vap}H_m$ 均可视为常量。试求:

(1) 1 mol H_2O (l, 100 ℃, $p^{\ominus}$) →1 mol H_2O (g, 100 ℃, $p^{\ominus}$) 过程的 ΔS;

(2) 1 mol H_2O (l, 60 ℃, $p^{\ominus}$) →1 mol H_2O (g, 60 ℃, $p^{\ominus}$) 过程的 ΔS,ΔU,ΔH。

2. 始态为 $T_1 = 300$ K,$p_1 = 200$ kPa 的某双原子理想气体 1 mol,经下列不同途径变化到 $T_2 = 300$ K,$p_2 = 100$ kPa 的终态。求各步骤及途径的热和熵变。

(1) 等温可逆膨胀;

(2) 先等容冷却使压力降至 100 kPa,再等压加热至温度为 T_2;

(3) 先绝热可逆膨胀使压力降至 100 kPa,再等压加热至温度为 T_2。

3. 绝热恒容容器中有一绝热耐压隔板,隔板一侧为 2 mol 的 200 K,50 dm³ 的单原子理想气体 A,另一侧为 3 mol 的 400 K,100 dm³ 的双原子理想气体 B。今将容器中的绝热隔板撤去,气体 A 与气体 B 混合达到平衡。求过程的熵变。

4. 在 100 ℃的恒温槽中有一带有活塞的导热圆筒,筒中为 2 mol $N_2(g)$ 及装在小玻璃瓶中的 3 mol $H_2O(l)$。环境压力及系统压力维持 120 kPa 不变。今将小玻璃瓶打碎,液态水蒸发至平衡态。求过程的 Q,W,ΔS,ΔU,ΔH,ΔA 和 ΔG。已知水的摩尔蒸发焓 $\Delta_{vap}H_m = 40.668$ kJ/mol。

5. 已知在 $p^\ominus$ 下，水的沸点为 100 ℃，其比蒸发焓 $\Delta_{vap}H = 2\,257.4$ kJ/kg。已知液态水和水蒸气在 100~120 ℃范围内的平均比定压热容分别为 $C_{p,m}(\text{l}) = 4.224$ kJ/(K·kg)，$C_{p,m}(\text{g}) = 2.033$ kJ/(K·kg)。今有 $p^\ominus$ 下 120 ℃的 1 kg 过热水变成同样温度、压力下的水蒸气。设计可逆途径，并按可逆途径分别求过程的 ΔS 和 ΔG。

6. 已知 1 mol 液态水在 25 ℃时的饱和蒸气压为 3 167.7 Pa，液态水改变压力过程 ΔG 近似为 0。求 H_2O（l，25 ℃，$p^\ominus$）→1 mol H_2O（g，25 ℃，$p^\ominus$）过程的 ΔG，并判断此过程是否能自发进行。

参 考 文 献

[1] 天津大学物理化学教研室. 物理化学 [M].5 版. 北京：高等教育出版社，2009.

[2] 傅玉普，王新平. 物理化学简明教程 [M].2 版. 大连：大连理工大学出版社，2007.

[3] 阿特金斯 P W. 物理化学 [M]. 天津大学物理化学教研室，译. 北京：高等教育出版社，1990.

[4] 徐志珍. 工科无机化学 [M]. 上海：华东理工大学出版社，2018.

[5] 张德生，刘光祥，郭畅. 物理化学思考题 1 100 例 [M]. 合肥：中国科学技术大学出版社，2012.

[6] 杨智，范正平. 自动控制原理 [M]. 北京：清华大学出版社，2014.

[7] 田成林，江遴汉. 理论物理导论（下）[M]. 北京：国防工业出版社，2014.

[8] 吴奇. 热力学简明教程 [M]. 北京：高等教育出版社，2019.

[9] 鲍景旦. 应用物理化学 第 2 分册 应用化学热力学 [M]. 北京：高等教育出版社，1994.

[10] 傅玉普. 物理化学简明教程 电子讲稿配套 [M]. 大连：大连理工大学出版社，2003.

[11] 金继红. 物理化学 [M]. 北京：地质出版社，1993.

[12] 徐悦华，王静. 物理化学 [M]. 北京：中国农业大学出版社，2017.

[13] 苏克和，胡小玲. 物理化学 [M]. 西安：西北工业大学出版社，2004.

[14] 郑令仪，孙祖国，赵静霞. 工程热力学 [M]. 北京：兵器工业出版社，1983.

[15] 张师愚，夏厚林. 物理化学 [M]. 北京：中国医药科技出版社，2014.

[16] 天津大学物理化学教研室编. 物理化学（上）[M]. 王正烈，周亚平，修订. 北京：高等教育出版社，2001.

[17] 李元高. 物理化学 [M]. 上海：复旦大学出版社，2013.

[18] 夏海涛. 物理化学 [M]. 哈尔滨：哈尔滨工业大学出版社，2005.

[19] 林树坤，卢荣. 物理化学 [M]. 武汉：华中科技大学出版社，2016.

[20] 张学铭，耿守忠，刘冰，等. 化学小辞典 [M]. 北京：科学技术文献出版社，1984.

[21] 罗勤慧. 大学化学解题法诠释 [M]. 合肥：安徽教育出版社，2000.

[22] 安燕. 物理化学 [M]. 贵阳：贵州大学出版社，2011.

第 6 章

热力学第三定律

自热力学第零定律给出温度的定义之后，人们自然会好奇，是否存在低温的极限？1702 年，法国物理学家阿蒙顿①提到了"绝对零度"的概念。他从空气受热时体积和压强都随温度的增加而增加为出发点，设想在某个温度下空气的压力将等于 0。根据他的计算，这个温度即为后来提出的约 –239 ℃，后来，朗伯②更精确地重复了阿蒙顿的实验，计算出这个温度为 –270.3 ℃。他说，在这个"绝对的冷"的情况下，空气将紧密地挤在一起。他们的这个看法没有得到人们的重视。直到盖－吕萨克定律提出之后，存在绝对零度的思想才得到物理学界的普遍承认。1848 年，英国物理学家汤姆逊在确立热力温标时，重新提出了绝对零度是温度的下限③。

热力学第三定律本质上是个量子规律，因为物质在极低温时，必须考虑量子效应。热力学第三定律有多种不同的表达形式，这些表达形式之间是相互联系的④。

§6.1　能斯特热定理

最早研究如何获取低温的科学家是英国物理学家法拉第，他在 19 世纪初进行了一系列气体液化实验，成功地获得了液态氯、液态二氧化碳等物质⑤。1906 年，德国物理学家能斯特⑥在研究低温条件下物质的变化时，把热力学的原理应用到低温现象和化学反应过程中，发现了一个新的规律，这个规律被表述为"当绝对温度趋于 0 时，凝

---

① 阿蒙顿（Grillaume Amontons，1663.8.31—1705.10.11），法国物理学家。他在研究了不同的气体之后指出，在给定的温度变化情况下，每种气体的体积变化量相同。他由此设想出"终冷"这个概念。这是一种绝对的零度，在这种温度下气体收缩到不能再收缩的程度。1699 年，他发表了自己对气体的观察结果。

② 朗伯（Johann Heinrich Lambert，1728.8.26—1777.9.25），德国数学家、天文学家、物理学家，曾是欧拉和拉格朗日的同事。他提出的朗伯比尔定律（Lambert – Beer Law）是分光光度法的基本定律。

③ 曹国华. 大学物理（上）[M]. 长沙：湖南科学技术出版社，2018.

④ 寅新艺，吴锡真，卓益忠. 高等统计物理学 [M]. 哈尔滨：哈尔滨工程大学出版社，2019.

⑤ 朱晓东. 热学［M］. 合肥：中国科学技术大学出版社，2014.

⑥ 能斯特（Walther Nernst，1864.6.25—1941.11.18），德国物理学家、物理化学家和化学史家，因在热化学领域所做的贡献而获得 1920 年诺贝尔化学奖。爱因斯坦评价能斯特定律："他是能斯特对理论科学所做的最大贡献。"（爱因斯坦. 人生的意义［M］. 唐慧，冯道如，译. 南京：江苏凤凰文艺出版社，2017.）

聚系的熵在等温过程中的改变趋于 0"。德国著名物理学家普朗克[1]把这一定律改述为"当绝对温度趋于 0 时，固体和液体的熵也趋于 0"。这就消除了熵常数取值的任意性。1912 年，能斯特又将这一规律表述为绝对零度不可能达到原理，即"不可能使一个物体冷却到绝对温度的零度"。这就是热力学第三定律[2]。

能斯特热定理可以写为

$$\lim_{T \to 0} \Delta_T S = 0 \tag{6.1}$$

能斯特热定理意味着，趋近于绝对零度时，化学反应前后物质种类成分的变化不能导致熵的变化，即各物质的熵相等。不变的熵应是一常数[3]，即

$$\lim_{T \to 0} S = S_0 \tag{6.2}$$

S_0 是一个绝对常数，与状态变量无关。

然而，究其本质而言，尽管能斯特热定理包含了热力学第三定律的内容（即绝对零度不能获得），能斯特热定理和热力学第三定律之间还是有一些微妙的逻辑上的差异。热力学第三定律和其他热力学定律不同，它必然要求包含统计的概念。这些都意味着，热力学还需要进一步发展[4]。

和其他热力学定律一样，热力学第三定律的表述方法并不唯一，其中一种最简单的表述是：用有限的步骤不可能达到绝对零度。因此热力学第三定律又被称为绝对零度不能达到原理。

1911 年，普朗克发展了能斯特热定理。根据能斯特热定理，凝聚系在绝对零度时所进行的任何反应和过程，其熵变为 0，也就是说在绝对零度时各种物质的熵都相等。那么，最简单的选择就是取绝对零度下各物质的熵为 0。这就是普朗克对热定理的推论："绝对零度下纯固体或纯液体的熵为 0。"普朗克的推论得到了许多实验结果的支持。例如，液态氦、金属中的电子气以及许多晶体和非晶体的实验指出，它们的熵都随着温度趋于绝对零度而趋于 0[5]。

普朗克的推论发展成了热力学第三定律的另一种常见表述：若稳定处于 $T = 0$ 状态的各种元素的熵取为 0，则各种熵大于 0 的物质在 $T = 0$ 时熵可能变为 0，包括化合物在内的所有完整晶体物质在 $T = 0$ 时熵肯定变为 0[6]。

完整晶体又名完美晶体，是指晶体中的原子或分子只有一种排列形式的晶体。例如，NO 分子有两种排列方式：NONONONO······ 和 NOONNOON······ 所以不能认为是完

① 普朗克（Max Planck，1858.4.23—1947.10.4），德国著名物理学家和量子力学的重要创始人，和爱因斯坦并称为 20 世纪最重要的两大物理学家。他因发现能量量子化而对物理学的又一次飞跃做出了重要贡献，并在 1918 年荣获诺贝尔物理学奖。（杨澍清. 物理学简史［M］. 兰州：甘肃人民出版社，2017.）

② 王竹溪. 热力学简明教程［M］. 北京：商务印书馆，1975.

③ 王承阳，王炳忠. 工程热力学［M］. 北京：冶金工业出版社，2016.

④ 阿特金斯 P W. 物理化学［M］. 天津大学物理化学教研室，译. 北京：高等教育出版社，1990.

⑤ 陈则韶. 高等工程热力学［M］. 合肥：中国科学技术大学出版社，2014.

⑥ 阿特金斯 P W. 物理化学［M］. 天津大学物理化学教研室，译. 北京：高等教育出版社，1990.

美晶体[①]。

§6.2 规定摩尔熵和标准摩尔熵

由热力学第三定律可知，在绝对零度时，纯固体或纯液体的熵都为0，即

$$\left(\frac{\partial S}{\partial p}\right)_{T=0} = 0 \tag{6.3}$$

这样就可以根据 $p^{\ominus}$ 下物质 B 的比热容和潜热（焓）数据，求出物质 B 在 $p^{\ominus}$ 下任何温度时的熵值，该熵值被称为规定熵，符号为 $S(B, T)$。

在等压下，某物质在任意温度 T 时的熵值为

$$S(T) - S(0) = \int_0^T \frac{C_p \mathrm{d}T}{T} \tag{6.4}$$

因为规定了 $S(0) = 0$，所以从式（6.4）可得

$$S(T) = \int_0^T \frac{C_p \mathrm{d}T}{T} \tag{6.5}$$

所求的 $S(T)$ 就是规定熵，其值完全确定，不含任何常数，又叫绝对熵或者第三定律熵。

1 mol 纯物质 B 的规定熵称为该物质的规定摩尔熵，符号为 $S_m(B, T)$。

从形式上看，似乎规定摩尔熵是单位物质的量的物质 B 在温度 T 时熵函数的绝对值，事实上熵的绝对值无法测算，这里求得的 $S(B, T)$ 是假设 $S($完美晶体，0 K$) = 0$ 时得到的熵的相对值[②]。规定摩尔熵可以理解为，规定了熵的零点以后，物质 B 在温度 T 时的摩尔熵[③]。

标准态下的规定摩尔熵称为标准摩尔熵，用符号 $S_m^{\ominus}(B, 相态, T)$ 表示。

绝对零度时，任何物质的熵都变为0是量子统计的结果。在量子统计理论中，如果系统具有一系列能级，则在绝对零度时，系统必然处于能量最低的量子态——基态。基态时系统的能量称为零点能，也就是粒子在绝对零度时的振动能[④]。

§6.3 化学反应熵变计算

有了标准摩尔熵的数据，计算反应的标准熵就很容易了。反应的标准熵定义类似于反应的标准焓定义。温度 T 时化学反应 $0 = \Sigma \nu_B B$ 的标准摩尔熵可由式（6.6）

① 高静，马丽英. 物理化学［M］. 北京：中国医药科技出版社，2016.
② 张雄飞，王少芬. 物理化学［M］. 武汉：华中科技大学出版社，2017.
③ 关振民. 物理化学［M］. 北京：中国环境科学出版社，2010.
④ 朱晓东. 热学［M］. 合肥：中国科学技术大学出版社，2014.

计算[①]:

$$\Delta_r S_m^\ominus(T) = \Sigma \nu_B S_m^\ominus(B, 相态, T) \qquad (6.6)$$

已知 $\Delta_r S_m^\ominus(T_1)$，可由式（3.81）计算 $\Delta_r S_m^\ominus(T_2)$：

$$\Delta_r S_m^\ominus(T_2) = \Delta_r S_m^\ominus(T_1) + \int_{T_1}^{T_2} \frac{\Sigma \nu_B C_{p,m}(B) dT}{T} \qquad (6.7)$$

式（6.7）的推导可参考式（3.81）基尔霍夫定律的推导。

例6.1 求 25 ℃ 和 125 ℃ 时下列反应的 $\Delta_r S_m^\ominus$。

$$CO(g) + 2H_2(g) \Longrightarrow CH_3OH(g)$$

已知 $C_{p,m}(CO, g) = 29.04$ J/(mol·K)，$C_{p,m}(H_2, g) = 29.29$ J/(mol·K)，$C_{p,m}(CH_3OH, g) = 51.25$ J/(mol·K)。$S_m^\ominus(CO, g, 298.15 K) = 197.67$ J/(mol·K)，$S_m^\ominus(H_2, g, 298.15 K) = 130.68$ J/(mol·K)，$S_m^\ominus(CH_3OH, g, 298.15 K) = 239.80$ J/(mol·K)。

解：（1）$\Delta_r S_m^\ominus(298.15 K) = \Sigma \nu_B S_m^\ominus(B, 相态, 298.15 K)$

$= S_m^\ominus(CH_3OH, g, 298.15 K) - S_m^\ominus(CO, g, 298.15 K) - 2S_m^\ominus(H_2, g, 298.15 K)$

$= (239.80 - 197.67 - 2 \times 130.68)$ J/(mol·K)

$= -219.23$ J/(mol·K)

（2）$\Delta_r S_m^\ominus(398.15 K) = \Delta_r S_m^\ominus(298.15 K) + \int_{298.15}^{398.15} \frac{\Sigma \nu_B C_{p,m}(B) dT}{T}$

$\Sigma \nu_B C_{p,m}(B) = C_{p,m}(CH_3OH, g) - C_{p,m}(CO, g) - 2C_{p,m}(H_2, g)$

$= (51.25 - 29.04 - 2 \times 29.29)$ J/(mol·K)

$= -36.37$ J/(mol·K)

$\Delta_r S_m^\ominus(398.15 K) = \Delta_r S_m^\ominus(298.15 K) + \int_{298.15}^{398.15} \frac{\Sigma \nu_B C_{p,m}(B) dT}{T}$

$= \left(-219.23 - 36.37 \times \ln \frac{398.15}{298.15}\right)$ J/(mol·K)

$= -229.75$ J/(mol·K)

答：该反应在 25 ℃ 时 $\Delta_r S_m^\ominus(298.15 K)$ 为 -219.23 J/(mol·K)，在 125 ℃ 时 $\Delta_r S_m^\ominus(398.15 K)$ 为 -229.75 J/(mol·K)。

---

① 张雄飞，王少芬. 物理化学 [M]. 武汉：华中科技大学出版社，2017.

第6章 习 题

计算题

求 25 ℃ 和 125 ℃ 时下列反应的 $\Delta_r S_m^\ominus$。

$$C_2H_2\ (g)\ +2H_2\ (g)\ =\!=\!=C_2H_6\ (g)$$

已知 $C_{p,m}\ (C_2H_2,\ g)\ =43.93\ J/(mol\cdot K)$，$C_{p,m}\ (H_2,\ g)\ =29.29\ J/(mol\cdot K)$，$C_{p,m}\ (C_2H_6,\ g)\ =52.63\ J/(mol\cdot K)$。$S_m^\ominus\ (C_2H_2,\ g,\ 298.15\ K)\ =200.94\ J/(mol\cdot K)$，$S_m^\ominus\ (H_2,\ g,\ 298.15\ K)\ =130.68\ J/(mol\cdot K)$，$S_m^\ominus\ (C_2H_6,\ g,\ 298.15\ K)\ =229.60\ J/(mol\cdot K)$。

参 考 文 献

［1］曹国华. 大学物理（上）［M］. 长沙：湖南科学技术出版社，2018.

［2］寅新艺，吴锡真，卓益忠. 高等统计物理学［M］. 哈尔滨：哈尔滨工程大学出版社，2019.

［3］朱晓东. 热学［M］. 合肥：中国科学技术大学出版社，2014.

［4］爱因斯坦. 人生的意义［M］. 唐慧，冯道如，译. 南京：江苏凤凰文艺出版社，2017.

［5］杨澍清. 物理学简史［M］. 兰州：甘肃人民出版社，2017.

［6］王竹溪. 热力学简明教程［M］. 北京：商务印书馆，1975.

［7］王承阳，王炳忠. 工程热力学［M］. 北京：冶金工业出版社，2016.

［8］阿特金斯 P W. 物理化学［M］. 天津大学物理化学教研室，译. 北京：高等教育出版社，1990.

［9］高静，马丽英. 物理化学［M］. 北京：中国医药科技出版社，2016.

［10］陈则韶. 高等工程热力学［M］. 合肥：中国科学技术大学出版社，2014.

［11］张雄飞，王少芬. 物理化学［M］. 武汉：华中科技大学出版社，2017.

［12］关振民. 物理化学［M］. 北京：中国环境科学出版社，2010.

名词符号索引表

名词	符号	单位（SI 制）	首次出现章节
阿伏伽德罗常数	N_A	每摩尔（mol^{-1}）	§4.1
饱和蒸气压	p^*	帕斯卡（Pa）	§1.3
比热容	C	焦耳每开尔文每千克（$J/(K \cdot kg)$）	§3.3
标准化学势	$\mu^{\ominus}$	焦耳每摩尔（J/mol）	§5.2
标准摩尔焓变	$\Delta_r H_m^{\ominus}(T)$	焦耳每摩尔（J/mol）	§3.1
标准摩尔吉布斯函数变	$\Delta_r G_m^{\ominus}$	焦耳每摩尔（J/mol）	§5.3
标准摩尔燃烧焓	$\Delta_c H_m^{\ominus}$	焦耳每摩尔（J/mol）	§3.1
标准摩尔熵	$S_m^{\ominus}(B，相态，T)$	焦耳每摩尔每开尔文（$J/(mol \cdot K)$）	§6.2
标准摩尔生成焓	$\Delta_f H_m^{\ominus}$	焦耳每摩尔（J/mol）	§3.1
玻尔兹曼常数	k	焦耳每开尔文（J/K）	§4.1
纯物质 B 的摩尔体积	$V_{m,B}^*$	立方米每摩尔（$m^3 \cdot mol$）	§1.1
电流	I	安培（A）	绪论§4
定容热容	C_V	焦耳每开尔文（J/K）	§3.3
定压热容	C_p	焦耳每开尔文（J/K）	§3.3
发光强度	J	坎德拉（cd）	绪论§4
反应进度	ξ	摩尔（mol）	绪论§4
范德华常数 a	a	帕斯卡米六次方每摩尔平方（$Pa \cdot m^6/mol^2$）	§1.2
范德华常数 b	b	立方米每摩尔（m^3/mol）	§1.2
非体积功	W_f	焦耳（J）	§2.3
分体积	V_B^*	立方米（m^3）	§1.1
分压	p_B	帕斯卡（Pa）	§1.1
功	W	焦耳（J）	§2.1

续表

名词	符号	单位（SI 制）	首次出现章节
规定摩尔熵	$S_m(B, T)$	焦耳每摩尔每开尔文（J/(mol·K)）	§6.2
规定熵	$S(B, T)$	焦耳每开尔文（J/K）	§6.2
亥姆霍茨函数	A	焦耳（J）	§2.2
亥姆霍茨函数变	ΔA	焦耳（J）	§5.3
焓	H	焦耳（J）	§2.2
焓变	ΔH	焦耳（J）	§2.5
化学势	μ	焦耳每摩尔（J/mol）	绪论§4
混合物的平均摩尔质量	M_{mix}	千克每摩尔（kg/mol）	§1.1
积分溶解热	—	焦耳每摩尔（J/mol）	§3.1
积分稀释热	—	焦耳每摩尔（J/mol）	§3.1
吉布斯函数	G	焦耳（J）	§2.2
吉布斯函数变	ΔG	焦耳（J）	§5.1
焦耳－汤姆逊系数	μ_{J-T}	开尔文每帕斯卡（K/Pa）	§3.5
距离	z	米（m）	§2.3
可逆非体积功	W'_r	焦耳（J）	§5.1
可逆功	W_r	焦耳（J）	§4.3
可逆热	Q_r	焦耳（J）	§4.3
离子标准摩尔生成焓	$\Delta_f H_m^{\ominus}$（离子，∞ aq，T）	焦耳每摩尔（J/mol）	§3.1
力	F	牛顿（N）	§2.3
临界摩尔体积	$V_{m,c}$	立方米每摩尔（m³/mol）	§1.3
临界温度	T_c	开尔文（K）	§1.3
临界压力	p_c	帕斯卡（Pa）	§1.3
密度	ρ	千克每立方米（kg/m³）	绪论§4
摩尔定容热容	$C_{V,m}$	焦耳每摩尔每开尔文（J/(mol·K)）	§3.3
摩尔定压热容	$C_{p,m}$	焦耳每摩尔每开尔文（J/(mol·K)）	§3.3
摩尔反应焓	$\Delta_r H_m$	焦耳每摩尔（J/mol）	§3.6
摩尔分数	x_B	1	§1.1
摩尔气化焓	$\Delta_{vap} H_m$	焦耳每开尔文（J/K）	§3.4
摩尔气体常数	R	焦耳每摩尔每开尔文（J/(mol·K)）	§1.1

名词	符号	单位（SI 制）	首次出现章节
摩尔热容	C_m	焦耳每摩尔每开尔文（J/(mol·K)）	§2.2
摩尔体积	V_m	立方米每摩尔（m³/mol）	§1.1
摩尔质量	M	千克每摩尔（kg/mol）	§1.1
内压力	a/V_m^2	帕斯卡（Pa）	§1.2
能量	E	摩尔（mol）	§2.1
热	Q	焦耳（J）	§2.1
热机效率	η	1	§4.2
热力学能	U	焦耳（J）	§2.2
热力学能变	ΔU	焦耳（J）	§2.4
热力学温度	$\varTheta$	开尔文（K）	绪论§4
热容	C	焦耳每开尔文（J/K）	§3.3
热容比	γ	1	§3.4
热温商	Q/T	焦耳每开尔文（J/K）	§4.3
熵	S	焦耳每开尔文（J/K）	绪论§2
熵变	ΔS	焦耳每开尔文（J/K）	§4.1
时间	T	秒（s）	绪论§4
速度	v	米每秒（m/s）	§2.1
体积	V	立方米（m³）	绪论§2
体积分数	φ_B	1	§1.1
体积功	W_e	焦耳（J）	§2.3
微分溶解热	—	焦耳每摩尔（J/mol）	§3.1
温度	T	开尔文（K）	绪论§2
物质的量	N	摩尔（mol）	绪论§4
相变焓	$\Delta_\alpha^\beta H$	焦耳（J）	§5.3
相变熵	$\Delta_\alpha^\beta S$	焦耳每开尔文（J/K）	§5.3
压力	p	帕斯卡（Pa）	绪论§2
压缩因子	Z	1	§1.2
长度	L	米（m）	绪论§4
制冷系数	β	1	§4.2
质量	M	千克（kg）	绪论§4
质量分数	w_B	1	§1.1

术语索引表

术语	首次出现章节
Born – Haber 循环	§ 3. 4
pVT 变化过程	绪论 § 2
pVT 性质	§ 1. 1
pV 功	§ 2. 3
$p-V$ 图	§ 4. 2
TdS 方程	§ 5. 3
X 射线晶体结构	绪论 § 1
阿伏伽德罗常量	§ 1. 1
阿伏伽德罗定律	§ 1. 1
半经验半理论方程	§ 1. 2
饱和液体	§ 1. 3
饱和蒸气	§ 1. 3
饱和蒸气压	§ 1. 3
本征概率	§ 4. 1
比热容	§ 3. 3
变浓溶解热	§ 3. 1
变温过程	§ 5. 3
标准大气压	§ 1. 1
标准化学势	§ 5. 2
标准摩尔焓变	§ 3. 1
标准摩尔吉布斯函数变	§ 5. 3
标准摩尔燃烧焓	§ 3. 1
标准摩尔熵	§ 1. 1
标准摩尔生成焓	§ 3. 1

术语	首次出现章节
标准态	§3.1
标准压力	§1.1
表面功	§2.3
表面化学	绪论§2
冰量热计	§2.5
波义耳定律	§1.1
波义耳－马略特定律	§1.1
玻恩－哈伯循环法	§5.3
玻恩－哈伯循环图	§5.3
玻尔兹曼常数	§4.1
不可逆热机	§4.2
不可逆相变	§3.4
不可逆性	§4.1
不可逆自发过程	§5.1
测量	绪论§4
测量值	绪论§4
查理定律	§1.1
常数	绪论§4
敞开系统	§2.2
超临界流体	§1.3
乘法	绪论§4
乘方	绪论§4
初始状态	§2.2
除法	绪论§4
传热	§2.1
从头算法	绪论§1
存疑数字	绪论§4
单一热源	§4.2
单元结构	§1.1
单质	§3.1

续表

术语	首次出现章节
单组分均相封闭系统	§2.2
导出量	绪论§4
倒数关系式	§2.2
等熵过程	§3.5
等容过程	§2.2
等容可逆变化	§5.3
等容热	§2.5
等外压过程	§2.2
等温等压可逆相变	§5.3
等温过程	§2.2
等温可逆变化	§5.3
等温膨胀过程	§3.5
等压过程	§2.2
等压可逆变化	§5.3
等压热	§2.5
低品位能量	§2.3
低温热源	§4.2
低压气体状态方程	§1.1
滴定分析法	§1.1
滴定管	§1.1
底数	绪论§4
第二 $T\mathrm{d}S$ 方程	§5.3
第二类永动机	§4.2
第三定律熵	§6.2
第一 $T\mathrm{d}S$ 方程	§5.3
第一类永动机	§2.4
电功	§2.3
电化学	绪论§2
电子能	§2.3
定浓溶解热	§3.1

术语	首次出现章节
定容热容	§3.3
定态	§2.2
定压热容	§3.3
动量	§2.2
独立变量	§2.2
对数	绪论§4
对易关系	§2.2
多方过程	§3.4
多方指数	§3.4
多相共存	§2.2
多元函数	§2.2
二阶偏导数	§2.2
反抗恒外压膨胀	§2.3
反应焓	§3.1
反应机理	绪论§2
反应热	§2.3
反应速率	绪论§2
反应物	§2.5
反应限度	§2.1
范德华常数	§1.2
范德华方程	§1.2
范德华力	§1.2
方向和限度	§2.1
非极性分子	§1.2
非绝热功	§2.3
非绝热途径	§2.3
非零数字	绪论§4
非体积功	§2.3
沸点	§1.3
分体积	§1.1

术语	首次出现章节
分体积定律	§1.1
分压	§1.1
分压定律	§1.1
分子	§1.1
分子轨道对称守恒原理	绪论§1
分子假说	§1.1
分子间作用力	§1.2
封闭系统	§2.2
盖－吕萨克定律	§1.1
盖－吕萨克塔	§1.1
盖斯定律	§2.5
概率	§4.1
高阶无穷小量	§2.2
高品位能量	§2.3
高温热源	§4.2
隔离系统	§2.2
工作物质	§4.2
功函数	§5.1
汞大气压计	§1.1
汞柱	§1.1
孤立系统	§2.2
固态	§2.2
固体	§1.1
广度量	§2.2
广度性质	§2.2
广延量	§2.2
广延性质	§2.2
规定摩尔熵	§6.2
规定熵	§6.2
国际纯粹与应用化学联合会	§1.1

续表

术语	首次出现章节
国际单位制	绪论§4
国家标准	§1.1
过饱和蒸气	§5.3
过程	绪论§2
过冷液体	§5.3
过热液体	§5.3
亥姆霍茨函数变	§5.3
亥姆霍茨函数判据	§5.1
亥姆霍茨自由能	§5.1
焓变	§2.5
耗散效应	§2.3
核能	§2.3
恒容过程	§2.2
恒温过程	§2.2
恒压过程	§2.2
宏观量	§2.1
宏观世界	绪论§2
宏观态	§4.1
宏观物理性质	§2.1
宏观系统	§2.1
宏观性质	绪论§2
化学变化过程	绪论§2
化学动力学	绪论§1
化学反应的热效应	§3.1
化学反应方程式	§2.5
化学反应计量方程式	§2.5
化学反应平衡常数	§1.1
化学计量系数	§2.5
化学键	绪论§1
化学平衡	§2.2

术语	首次出现章节
化学势	绪论 §4
环境	§2.2
环境熵变	§4.1
混合热	§2.3
活化能	绪论 §1
机械功	§2.3
机械能	§4.2
机械运动状态	§2.2
积分溶解热	§3.1
积分稀释热	§3.1
基本量	绪论 §4
基尔霍夫定律	§3.6
基态	§6.2
吉布斯-亥姆霍茨方程	§5.2
吉布斯函数变	§5.1
吉布斯函数判据	§5.1
吉布斯相律	§5.1
吉布斯自由能	§5.1
加法	绪论 §4
加和性	§2.2
加和性	§1.1
减法	绪论 §4
胶体化学	绪论 §2
焦耳定律	§3.5
焦耳实验	§3.5
焦耳-汤姆逊过程	§3.5
焦耳-汤姆逊实验	§3.5
焦耳-汤姆逊系数	§3.5
节流膨胀过程	§3.5
节流膨胀系数	§3.5

术语	首次出现章节
结构化学	绪论§2
近代晶体化学	绪论§1
近似值	绪论§4
经典化学热力学	绪论§1
经典热力学	§2.1
经验方程	§1.2
经验公式	§1.2
晶型	§3.2
晶型转变	§3.1
精度	绪论§4
精确度	绪论§4
静电作用	§1.2
距离	绪论§4
聚集态	§2.2
绝对零度	§4.2
绝对零度不可能达到原理	§6.1
绝对熵	§6.2
绝对温标	§4.2
绝对误差	绪论§4
绝对误差限	绪论§4
绝对值	§2.1
绝热不可逆过程	§5.3
绝热功	§2.3
绝热过程	§2.2
绝热节流过程	§3.5
绝热可逆方程式	§3.4
绝热可逆过程	§3.4
绝热压缩过程	§4.3
均相系统	§2.5
卡诺定理	§4.2

术语	首次出现章节
卡诺热机	§4.2
卡诺循环	§4.2
开尔文表述	§4.2
开方	绪论§4
开放系统	§2.2
开氏温标	§4.2
科学计数法	绪论§4
可观测量	绪论§2
可靠数字	绪论§4
可能性	§2.1
可逆电池	§5.1
可逆电功	§5.1
可逆非体积功	§5.1
可逆功	§4.3
可逆过程	§2.3
可逆膨胀	§2.3
可逆热	§4.3
可逆热机	§4.2
可逆途径	§5.3
可逆相变	§3.4
可微	§2.2
可疑值	绪论§4
克劳修斯表述	§4.2
克劳修斯不等式	§4.3
克劳修斯－克拉珀龙方程	§3.1
冷冻系数	§4.2
冷热程度	§2.1
离子标准摩尔生成焓	§3.1
理论化学	绪论§1
理想气体	§1.1

续表

术语	首次出现章节
理想气体混合过程	§5.3
理想气体混合物	§1.1
理想气体绝热过程	§5.3
理想气体模型	§1.1
理想气体温标	§4.2
理想气体状态方程	§1.1
力平衡	§2.2
连续关系式	§2.2
链反应	绪论§1
两边同除关系	§2.2
量	绪论§4
量方程式	绪论§4
量纲	绪论§4
量纲分析	绪论§4
量纲齐次性	绪论§4
量热	§3.1
量热法	§5.2
量制	绪论§4
量子化学	绪论§1
量子力学	绪论§2
量子态	§6.2
量子统计	§6.2
邻域	§2.2
临界参数	§1.3
临界点	§1.3
临界摩尔体积	§1.3
临界温度	§1.3
临界压力	§1.3
零次齐函数	§2.2
零点能	§6.2

续表

术语	首次出现章节
麦克斯韦关系式	§5.2
密度	§1.1
摩尔定容热容	§3.3
摩尔定压热容	§3.3
摩尔反应焓	§3.6
摩尔分数	§1.1
摩尔焓变	§3.1
摩尔凝结焓	§3.4
摩尔气化焓	§3.4
摩尔气体常数	§1.1
摩尔体积	§1.1
摩尔相变焓	§3.4
摩尔质量	§1.1
内能	§2.3
内压力	§1.2
能量	§2.1
能量交换	§2.2
能量守恒定律	§2.4
能量效应	§2.1
能斯特热定理	§6.1
逆循环	§4.2
凝聚相	§5.3
浓度	§3.1
浓溶液	§3.1
欧拉关系式	§2.2
偶极矩	§1.2
偶数	绪论§4
排斥力	§1.2
排斥作用	§1.2
膨胀功	§2.3

术语	首次出现章节
碰撞	§1.1
偏微分	§2.2
偏微商性质	§2.2
平动能	§2.3
平衡反应	§3.1
平衡态	§2.1
平衡相变	§3.4
平均摩尔质量	§1.1
平均压力	§1.1
普适常量	§1.1
普适常数	§1.1
普适气体常量	§1.1
齐次函数	§2.2
奇数	绪论§4
气态	§2.2
气体	§1.1
气体分子运动理论	绪论§1
气体化合体积定律	§1.1
气体压缩	§1.2
气体液化	§1.3
气压计	§1.1
气液平衡	§1.3
前线轨道理论	绪论§1
潜热	§2.3
强度性质	§2.2
求导顺序	§2.2
取向力	§1.2
全微分	§2.2
全增量	§2.2
确定值	§2.2

续表

术语	首次出现章节
燃素学说	§2.5
热传导	§2.1
热功当量	绪论§2
热化学	§2.5
热化学方程式	§3.2
热化学循环	§5.3
热机	绪论§2
热机效率	§4.2
热机效能	§4.2
热机循环	§4.2
热机转换系数	§4.2
热接触	§2.1
热力学	绪论§2
热力学第二定律	绪论§1
热力学第零定律	§2.1
热力学第三定律	§6.1
热力学第一定律	绪论§1
热力学过程	§3.5
热力学函数变	§5.3
热力学基本方程	§5.2
热力学概率	§4.1
热力学能变	§2.4
热力学平衡态	§2.2
热力学特性	§5.2
热力学特性函数	§5.2
热力学温标	§4.2
热力学性质	§2.2
热力学状态方程	§5.2
热平衡	§2.1
热平衡定律	§2.1

续表

术语	首次出现章节
热平衡关系式	§5.3
热容	§3.3
热容比	§3.4
热温商	§4.3
热学状态	§2.2
容量性质	§2.2
溶剂	§1.3
溶解焓	§3.1
溶解热	§2.3
溶质	§3.1
熔化	§3.1
熔化热	§3.1
三相点	§4.2
色散力	§1.2
熵变	§4.1
熵判据	§4.3
熵增	§4.3
熵增原理	§4.3
摄氏温标	§4.2
升华	§3.1
升华热	§3.1
生成物	§2.5
实验精度	绪论§4
始态	§2.2
势能	§5.2
数模	§1.2
数学分析	绪论§4
数值取舍规则	绪论§4
水浴	§3.5
四舍六入五留双	绪论§4

续表

术语	首次出现章节
体积分数	§1.1
体积功	§2.2
体系	§2.2
统计力学	§4.1
统计权重	§4.1
统计热力学	绪论§2
途径	§2.2
途径函数	§2.3
外界	§2.2
外压	§1.3
完美晶体	§6.1
完整晶体	§6.1
微分溶解热	§3.1
微分稀释热	§3.1
微观结构	§2.1
微观粒子	§2.1
微观量	§2.1
微观世界	绪论§2
微观态	§4.1
微观性质	绪论§2
微观性质	§2.1
微积分	绪论§2
维里方程	§1.2
尾数	绪论§4
位能	§2.3
位数	绪论§4
位置	§2.2
温差	§2.3
温度计	§2.1
无摩擦的准静态过程	§2.3

续表

术语	首次出现章节
无序分布	§4.1
无序分散	§4.1
无序运动	§2.3
物理	绪论§2
物理变化	§2.1
物理化学	绪论§1
物理量	绪论§4
物态	§3.2
物态方程	§5.2
物系	§2.2
物质	§2.2
物质的量	§1.1
物质的量分数	§1.1
物质交换	§2.2
物质结构	绪论§2
物质聚集状态	§3.1
物质系统	§2.2
误差	绪论§4
误差传递	绪论§4
误差限	绪论§4
吸引力	§1.2
吸引作用	§1.2
稀溶液	§3.1
稀释热	§2.3
系数	§1.2
系统	§2.1
系统混乱度	§4.3
系统命名法	§2.5
系统熵变	§4.1
系统性质	§2.2

续表

术语	首次出现章节
显热	§2.3
现代化学命名体系	§3.2
相变过程	绪论§2
相变焓	§3.1
相变热	§3.1
相变熵	§5.3
相对位移	§2.2
相互作用力	§1.1
相平衡	§2.2
相平衡热力学	§5.1
相平衡温度	§5.3
相平衡压力	§5.3
相图	§5.1
相组成	§2.2
修约	绪论§4
修正项	§1.2
薛定谔方程	绪论§2
循环关系式	§2.2
循环过程	§2.2
循环效率	§4.2
压强	§1.1
压缩因子	§1.2
氧化物	§3.1
氧化学说	§2.5
液态	§2.2
液体	§1.1
一次齐函数	§2.2
仪器精度	绪论§4
仪器量程	绪论§4
仪器满量程	绪论§4

术语	首次出现章节
因子	§1.2
银量法	§1.1
永久偶极矩	§1.2
游离态	§3.1
有效数字	绪论§4
有效数字位数	§1.1
有效数字运算规则	绪论§4
有序分布	§4.1
有序运动	§2.3
有用功	§5.1
诱导力	§1.2
诱导偶极矩	§1.2
原子	§2.1
原子 – 分子论	§1.1
原子论	§1.1
运动状态	§2.1
长程吸引力	§1.2
真空自由膨胀	§2.3
真实气体	§1.1
真数	绪论§4
振动能	§2.3
蒸发热	§2.3
整体	§2.2
正常沸点	§1.3
正常凝固点	§5.3
正常相变	§5.3
正循环	§4.2
制冷机	§4.2
制冷系数	§4.2
制冷效应	§3.5
制热效应	§3.5

续表

术语	首次出现章节
质点	§1.1
质量分数	§1.1
质量守恒定律	绪论§1
中压	§1.2
终态	§2.2
助燃剂	§3.1
转动能	§2.3
转化温度	§3.5
转折温度	§5.3
状态	§2.1
状态参量	§2.1
状态方程	§1.1
状态函数	§2.1
准静态过程	§2.3
准确值	绪论§4
自变量	§2.2
自发变化	§4.1
自发过程	§4.1
自发性进行判据	§4.3
总熵变	§4.1
总熵判据	§4.3
总体积	§1.1
总压	§1.1
组成	§1.1
组分含量	§1.1
最大非体积功	§5.1
最大功函数	§5.1
最大可用功	§5.1
最可几状态	§4.1
最小分度	绪论§4

人名索引表

译名	人名	生卒年
阿伏伽德罗	Amedeo Avogadro	1776. 8. 9—1856. 7. 9
阿伦尼乌斯	Svante August Arrhenius	1859. 2. 19—1927. 10. 2
阿马伽	Amagat Emile Hilaire	1841. 1. 2—1915. 2. 15
阿蒙顿	Grillaume Amontons	1663. 8. 31—1705. 10. 11
奥斯特瓦尔德	Friedrich Wilhelm Ostwald	1853. 9. 2—1932. 4. 4
贝采里乌斯	Jons Jakob Berzelius	1779. 8. 20—1848. 8. 7
贝托雷	Claude – Louis Berthollet	1748. 12. 9—1822. 11. 6
本生	Robert Wilhelm Bunsen	1811. 3. 30—1899. 8. 16
波义耳	Robert Boyle	1627. 1. 25—1691. 12. 31
玻恩	Max Born	1882. 12. 11—1970. 1. 5
布拉格（父）	Sir William Henry Bragg	1862. 7. 2—1942. 3. 10
布拉格（子）	William Lawrence Bragg	1890. 3. 31—1971. 7. 1
查理	Jacques Alexandre Cesar Charles	1746. 11. 12—1823. 4. 7
道尔顿	John Dalton	1766. 9. 6—1844. 7. 27
范德华	Johannes Diderik van der Waals	1837. 11. 23—1923. 3. 8
范霍夫	Jacobus Henricus Varrt Hoff	1852. 8. 30—1911. 3. 1
盖－吕萨克	Joseph Louis Gay – Lussac	1778. 12. 6—1850. 5. 9
盖斯	Germain Henri Hess	1802. 8. 8—1850. 12. 12
哈伯	Fritz Haber	1868. 12. 9—1934. 1. 29
亥姆霍兹	Hermann Ludwig Ferdinand von Helmholtz	1821. 8. 31—1894. 9. 8
基尔霍夫	Gustav Robert Kirchhoff	1824. 3. 12—1887. 10. 17
吉布斯	Josiah Willard Gibbs	1839. 2. 11—1903. 4. 28
焦耳	James Prescott Joule	1818. 12. 24—1889. 10. 11
卡诺	Nicolas Léonard Sadi Carnot	1796. 6. 1—1832. 8. 24

续表

译名	人名	生卒年
开尔文勋爵（汤姆逊）	William Thomson，Lord Kelvin	1824. 6. 26—1907. 12. 17
克拉珀龙	Benoît Paulémile Clapeyron	1799. 2. 26—1864. 1. 28
克劳修斯	Rudolf Julius Emanuel Clausius	1822. 1. 2—1888. 8. 24
克利夫	P. T. Cleve	1840—1905
拉格朗日	Joseph – Louis Lagrange	1736. 1. 25—1813. 4. 10
拉普拉斯	Pierre – Simon Laplace	1749. 3. 23—1827. 3. 5
拉瓦锡	Antoine – Laurent de Lavoisier	1743. 8. 26—1794. 5. 8
朗伯	Johann Heinrich Lambert	1728. 8. 26—1777. 9. 25
劳厄	Max von Laue	1879. 10. 9—1960. 4. 24
李比希	Justus von Liebig	1803. 5. 12—1873. 4. 18
罗蒙诺索夫	Михаил Васильевич Ломоносов	1711. 11. 19—1765. 4. 15
马略特	Edme Mariotte	1620—1684. 5. 12
麦克斯韦	James Clerk Maxwell	1831. 6. 13—1879. 11. 5
能斯特	Walther Nernst	1864. 6. 25—1941. 11. 18
普朗克	Max Planck	1858. 4. 23—1947. 10. 4
汤姆逊（开尔文勋爵）	William Thomson，Lord Kelvin	1824. 6. 26—1907. 12. 17
托里拆利	Evangelista Torricelli	1608. 10. 15—1647. 10. 25
薛定谔	Erwin Schrödinger	1887. 8. 12—1961. 1. 4

后　记

完成这部分书稿的时候，我既如释重负，也深感惭愧，觉得自己实在对不起编辑老师的耐心。

最初计划写这本书的时候，还是 2017 年年初。当时的设想，是在年底就完成本书，而且内容也比现在更多。

不过世事总有难以预料的时候。书刚开了个头，我父亲生病住了一次院，我需要经常去医院，这样就耽搁下来了。后来又遇到疫情，电脑还出了故障，所有已经写好的内容都毁于一旦。各种困难可以说纷至沓来。那时只能先抓紧时间完成了另一本关于化学简史的书稿，然后再慢慢重写这本。

古人说"一鼓作气，再而衰，三而竭"，这样接连地遭受挫折，虽然不至于颓然放弃，但心里也不是没有挫败感的。幸好，也许是因为常年接触物理化学这门功课的缘故，已经在不知不觉间养成了一种习惯，再难的事情，也会咬牙坚持做完并尽力做好。这可能是物理化学这门学科给予我的最宝贵的礼物。我也希望所有学习物理化学这门课的同学，都能得到这份馈赠。天下事，无非咬钉嚼铁，总能愚公移山。

如果这本书小有价值，都归功于前辈老师对我的帮助和教导，如果其中有各种舛错，则是因为我自己学识不足。希望读者多多批评指正，谢谢！

感谢我的家人的无私支持，感谢编辑老师的耐心等待，希望这本书配得上你们的期望。

感谢阿特金斯 PW 教授，他编著的《物理化学》教材是我爱不释手的宝藏。

感谢我的母校，感谢所有教过我的老师，感谢所有帮助过我的人。

白　杨
2021 年 4 月